**MC SERIES** Measurement&Control
計測・制御シリーズ

波形表示/データ保存の方法から命令や関数の使い方まで

# パソコン計測制御ソフトウェア
# LabVIEW リファレンス・ブック

小澤 哲也 著

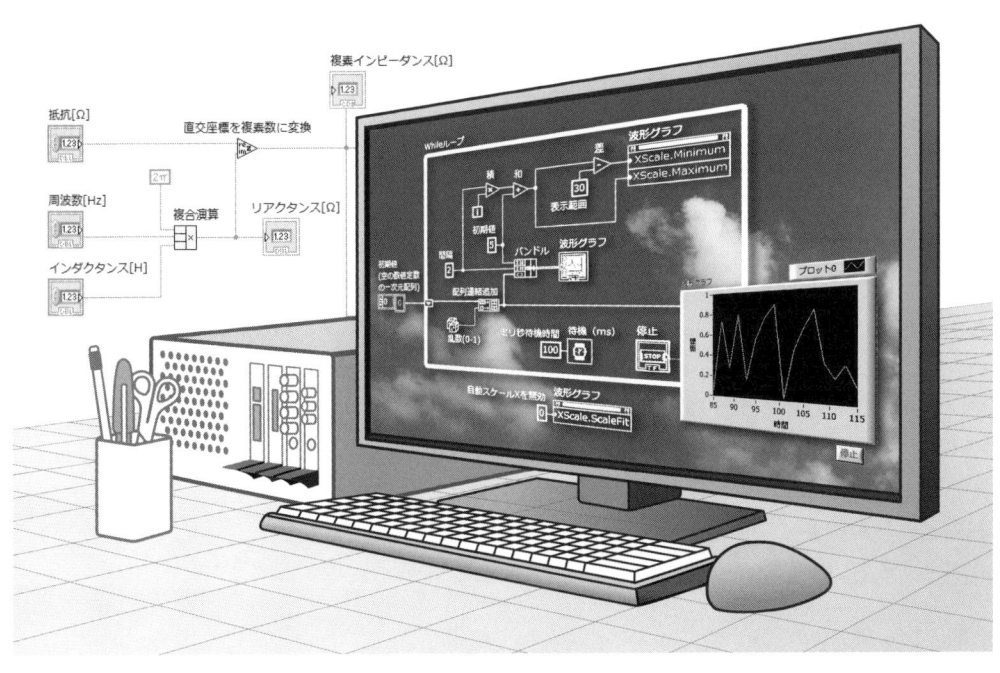

CQ出版社

# ■ まえがき

　計測制御解析用ソフトウェアとして開発されたLabVIEWは，計測制御業界では主流なソフトウェアの一つです．しかしながら，LabVIEWは計測制御だけに優れているソフトウェアではなく，他の言語と同じようにプログラミングすることも可能です．LabVIEWには，数値解析関数が含まれており，理工系に限らずデータの数値計算や表計算をすることができます．そのため，大学や専修学校におけるプログラミング演習の一環としてLabVIEWを取り入れる実習授業が増えてきました．

　一方で，何らかのコンピュータ計測制御システムを購入したときに，そのプログラミング言語がLabVIEWで構築されていることがあります．または，卒業研究などの研究で引き継がれた装置がLabVIEWで構築されていることが多々あります．このようなシステムに修正を加えたい場合，LabVIEWを最初から学び直す必要がありますが，装置の仕組みについては理解できていても，どこからLabVIEWプログラミングの修正を始めればよいのかがわからなくなり，お手上げ状態になることがあります．

　LabVIEWを使用する主な目的は，計測制御方法の確立であり，計測制御する機器の動作方法を理解しておくことが必要ですが，同時にWhileループや配列の取り扱い方法など，基本的なプログラミングの方法を理解しておかなければなりません．LabVIEWのプログラミング方法を習得するためには，基本的なプログラミングを練習し，基本を使いこなせる知識と豊かな経験が必要です．

　そこで，本書は，初めてLabVIEWのプログラミングを始める際に必要となる項目を厳選し，演習形式でLabVIEWのプログラミング方法を習得できる内容としました．

　本書に掲載されているすべてのプログラムは，計測制御のためのデバイスなしで作成できるものとなっています．そのため，現時点でLabVIEWまたは計測制御デバイスを持っていない場合であっても，日本ナショナルインスツルメンツ社から評価版LabVIEWをダウンロードしてインストールすることで，本書に掲載されているすべてのプログラムを作成することができるので，卒業研究でLabVIEWを使用する学生への自習学習の演習書としても最適です．

　本書の体裁は，見開きページで演習項目ごとに完結するように編集されており，プログラミング実習授業での使いやすさを引き出すと同時に，学習する上での達成感が得られるように工夫しました．まずは，ナショナルインスツルメンツの計測制御デバイスや他社製品をはじめとした計測器の制御や画像処理などのプログラミングを始める前に，本書でLabVIEWプログラミングの基礎をしっかりと理解してください．

　最後に，本書の刊行に際して，執筆活動を支援してくださったCQ出版株式会社の今一義様，日本ナショナルインスツルメンツ株式会社の池田亮太社長，五味直也様，Mandip Khorana様，Yucel Ugurlu様，ティエナン英子様，渡邉信行様，柿部策様，株式会社アクテラの三島健太様に厚く御礼申し上げます．掲載内容の検証作業は，東北学院大学工学部電子工学科の細谷和史君に協力していただきました．誠にありがとうございました．

2012年12月　小澤　哲也

## ■ 本書の使い方と付属CD-ROMについて

　本書は，DAQとよばれるデータ集録デバイスや計測器通信制御に必要なGPIBデバイスなどの計測制御機器がない環境であっても，LabVIEWの基本構文が学習できるように構成されています．そのため，実際に計測機器とつながった現場のコンピュータでLabVIEWを使った計測制御プログラミングの開発に着手する前に，卓上に置いたコンピュータとLabVIEWソフトウェアだけの環境でシステム開発に必要なテクニックを獲得できます．現在，LabVIEWを所有していなくても，日本ナショナルインスツルメンツ社のwebページから評価版LabVIEWをダウンロードすることにより，本書に掲載されているプログラムを作成し，LabVIEWプログラミング方法を習得することができます．

　本書で作成するプログラムは，以前に作成したプログラムを再利用して使用する場合が多々あります．そのため，本文中に特に断りがなくても，ユーザ自身でわかりやすいファイル名をつけて，プログラムファイルを保存するように心がけてください．

　また，本書の前半では細かい操作方法を記していますが，後半ではプログラミングに慣れてくることを想定して細かい操作方法を簡略化すると同時に，これまでに学んだ内容を盛り込みながら解説を進めるので難易度が徐々に高くなります．確実に理解しながら読み進めていくのが効果的です．

　各章末には，学んだ内容にちなんだ問題が用意してあります．章末の問題には，プログラミングが必要となる難易度が高いものも含まれていますが，付属CD-ROMに解答例のプログラムが収録されています．研究室ゼミや大学のコンピュータ演習等で本書を使用する場合は，章末の問題を学習させると同時に，プログラムの動作原理をプレゼンテーションさせることにより，学習到達度を高めることができます．そのため，付属CD-ROMには章末問題のプログラミング解答例が収録されていますが，プログラムの動作原理に関する解説はあえて掲載しておりません．

### ● 付属CD-ROMについて

　本書付属のCD-ROMには，本書で取り上げられているすべてのプログラムが収められています．プログラムの作成がうまくいかない場合には，CD-ROMに掲載されているプログラムを参照してください．なお，本書はLabVIEW2012を基準として作成されていますが，旧バージョンのLabVIEWであっても対応できるように，CD-ROMにはLabVIEW2012からLabVIEW7（2003年発売）までのプログラムが収められています．ただし，旧バージョンにさかのぼるほど，ラベル等のフォントサイズの違いや関数のデザインや配置に多少の差異がありますので，あらかじめご了承ください．

　LabVIEWのプログラムは，フロントパネルとよばれるウィンドウと，ブロックダイアグラムと呼ばれるウィンドウが一組となって動作します．本書のプログラム作成の説明では，フロントパネルの操作においては「フロントパネルで」と表現し，ブロックダイアグラムの操作においては「ブロックダイアグラムで」と表現しますが，フロントパネルとブロックダイアグラムの両方の操作に関する場合は「プログラムで」と表現しています．

　また，本書の解説で使った図のデータだけをまとめて収録しました．大学の研究室ゼミやプログラミング実習，各種プログラミング・セミナ等の投影用スライドとして活用してください．

# 目 次

まえがき ……………………………………………………………… 2
本書の使い方と付属CD-ROMについて ……………………………… 3

## 第1章　LabVIEWの基本操作 ……………………………………… 7
- 1-1　LabVIEWについて ……………………………………………… 8
- 1-2　LabVIEWのインストール ……………………………………… 10
- 1-3　LabVIEWの起動とウィンドウ名称 …………………………… 12
- 1-4　制御器パレット ………………………………………………… 14
- 1-5　関数パレット …………………………………………………… 16
- 1-6　ツールパレット ………………………………………………… 18
- 1-7　メニューバー …………………………………………………… 20
- 1-8　プログラミングの基本操作 …………………………………… 24
- 1-9　ツールバー ……………………………………………………… 26
- 1-10　制御器・表示器・定数と属性 ………………………………… 28
- 1-11　数値の制御器・表示器の種類 ………………………………… 30
- 1-12　オブジェクトの整列・消去・コピー方法 …………………… 32
- 1-13　オブジェクトの編集・色の変更 ……………………………… 34
- 1-14　第1章の章末問題 ……………………………………………… 36

## 第2章　LabVIEWで扱う型と関連する関数 ……………………… 37
- 2-1　数値の表記法 …………………………………………………… 38
- 2-2　数値の表示形式と範囲設定 …………………………………… 40
- 2-3　数値の関数 ……………………………………………………… 42
- 2-4　文字列 …………………………………………………………… 44
- 2-5　文字列の関数 …………………………………………………… 46
- 2-6　文字列を数値に変換 …………………………………………… 48
- 2-7　数値を文字列に変換 …………………………………………… 50
- 2-8　ブールと機械的動作 …………………………………………… 52

  2-9 ブールと論理演算 ･････････････････････････････････ 54
  2-10 第2章の章末問題 ･････････････････････････････････ 56

## 第3章 LabVIEWの配列とクラスタ ････････････････････ 57
  3-1 数値配列と配列指標 ･･･････････････････････････････ 58
  3-2 数値配列と四則演算 ･･･････････････････････････････ 60
  3-3 配列の多次元化 ･･･････････････････････････････････ 62
  3-4 配列の連結 ･･･････････････････････････････････････ 64
  3-5 一次元配列から要素を抽出 ･････････････････････････ 66
  3-6 二次元配列から一次元配列と要素を抽出 ･････････････ 68
  3-7 配列操作の関数 ･･･････････････････････････････････ 70
  3-8 数値配列と文字列形式への変換 ･････････････････････ 74
  3-9 クラスタ ･････････････････････････････････････････ 76
  3-10 第3章の章末問題 ･････････････････････････････････ 80

## 第4章 LabVIEWで使用する判断命令と繰り返し反復命令 ･･････ 81
  4-1 ケースストラクチャ（ブール入力） ･････････････････ 82
  4-2 ケースストラクチャ（数値入力） ･･･････････････････ 84
  4-3 ケースストラクチャ（リング入力） ･････････････････ 88
  4-4 ケースストラクチャ（文字列入力） ･････････････････ 90
  4-5 シーケンスストラクチャ ･･･････････････････････････ 92
  4-6 Forループと出力配列 ･････････････････････････････ 94
  4-7 二重のForループと出力配列 ･･･････････････････････ 98
  4-8 Forループと入力配列 ････････････････････････････ 100
  4-9 二重のForループと入力配列 ･･････････････････････ 102
  4-10 Whileループと出力配列 ･････････････････････････ 104
  4-11 Whileループとシフトレジスタ ･･････････････････ 106
  4-12 WhileループとForループの互換性 ･･････････････ 112
  4-13 第4章の章末問題 ････････････････････････････････ 116

## 第5章 LabVIEWの波形表示方法 ･････････････････････ 117
  5-1 波形チャート ･･･････････････････････････････････ 118

| | | |
|---|---|---|
| 5-2 | 波形チャートに二系列のデータを表示させる方法 | 122 |
| 5-3 | 波形チャートの履歴データを自動的にクリアにする方法 | 124 |
| 5-4 | 波形チャートの横軸を時間軸として使用する方法 | 126 |
| 5-5 | 波形グラフ | 130 |
| 5-6 | 波形グラフと横軸の座標 | 132 |
| 5-7 | 波形グラフのトレンドデータ表示方法とプロパティノード | 134 |
| 5-8 | XYグラフ | 138 |
| 5-9 | 強度グラフ | 140 |
| 5-10 | 強度グラフのカラーバーをプロパティノードで変更する方法 | 142 |
| 5-11 | 3Dグラフ | 144 |
| 5-12 | 第5章の章末問題 | 146 |

## 第6章　LabVIEWのデータファイルの保存方法 ……………… 147

| | | |
|---|---|---|
| 6-1 | 数値データの保存方法 | 148 |
| 6-2 | 数値データを追加して保存する方法 | 152 |
| 6-3 | ヘッダ情報を追加して保存する方法 | 154 |
| 6-4 | 自動的にデータファイル数を増やしながら保存する方法 | 156 |
| 6-5 | データファイルを読み取る方法 | 158 |
| 6-6 | 第6章の章末問題 | 162 |

## 第7章　特殊なデータの取り扱い方法 ……………………………… 163

| | | |
|---|---|---|
| 7-1 | ローカル変数の使い方 | 164 |
| 7-2 | ローカル変数の注意点 | 166 |
| 7-3 | 波形データとダイナミックデータの取り扱い方法 | 170 |
| 7-4 | 数式ノードとフォーミュラノード | 178 |
| 7-5 | タイミングループ | 182 |
| 7-6 | 複素数の計算 | 184 |
| 7-7 | 第7章の章末問題 | 186 |

おわりに …………………………………………………………………… 187
索引 ………………………………………………………………………… 188

# 第1章
# LabVIEWの基本操作

本章では，LabVIEWについての簡単な説明から，LabVIEWのインストール方法，プログラミングに必要な各種操作方法について学んでいきます．

### ▶ 本章の目次 ◀

- 1-1　LabVIEWについて
- 1-2　LabVIEWのインストール
- 1-3　LabVIEWの起動とウィンドウ名称
- 1-4　制御器パレット
- 1-5　関数パレット
- 1-6　ツールパレット
- 1-7　メニューバー
- 1-8　プログラミングの基本操作
- 1-9　ツールバー
- 1-10　制御器・表示器・定数と属性
- 1-11　数値の制御器・表示器の種類
- 1-12　オブジェクトの整列・消去・コピー方法
- 1-13　オブジェクトの編集・色の変更
- 1-14　第1章の章末問題

# 1-1 LabVIEWについて

　LabVIEWとは，アメリカ合衆国テキサス州オースチン市に本社を持つナショナルインスツルメンツ社の計測制御用に特化したプログラミングソフトウェアであり，計測制御用ソフトウェアの一つとしてLabVIEWは広く知られています．

　計測器と言えば，図1-1-1に示すような装置を思い浮かべることでしょう．このような計測器は，従来は手で操作して使用していましたが，研究開発や生産現場において，仕事の効率を上げたり特別な性能を引き出したりするためには，コンピュータ制御による計測器の自動化機能があると便利です．

　LabVIEWには，この自動化のためのプログラミング機能があります．この機能に対応した計測デバイスと組み合わせることで，各自の目標に合わせた計測自動制御システムを構築することができます．

　LabVIEWのプログラミング方法は，英語の文字を列挙する従来型のプログラミング方法とは大きく異なり，図1-1-2に示すように，必要な計算をワイヤで配線し，データを流すことで実現されます．そのため，従来型のプログラミング言語のように英語を書き込んでいく方法に苦手意識があるユーザであっても，LabVIEWは開発しやすい環境であり，これが世界中に普及した理由とも言えます．LabVIEWが開発された経緯や用途に関しての詳細は，CQ出版社「バーチャル計測器LabVIEW」をご覧ください．

　LabVIEWには，下記に記す三つのグレードが用意されています．

- ベース・パッケージ：計測器制御用の関数と四則演算などの比較的簡単なツールのみ
- 開発システム：上記に加え，フーリエ変換などの関数が使用可能
- プロフェッショナル開発システム：PID制御などの特殊な機能以外はすべて使用可能

　なお，紹介した三つのグレードの内容は現時点のものです．最新の情報は，日本ナショナルインス

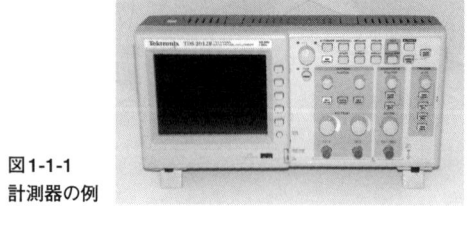

図1-1-1
計測器の例

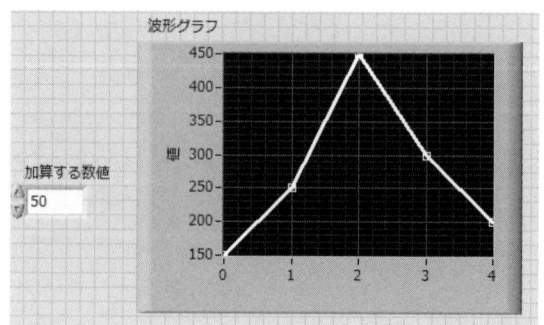

図1-1-2　LabVIEWプログラミングの例

**ポイント1　筆者の研究現場**

　図1-1-3に示す装置は，PXIとよばれるWindows搭載の工業用コンピュータで計測自動制御されており，個々の機器はすべてマウスのクリックで動かすことができる状態になっています．マウスのクリックで自動的に動き出し，手動操作では何週間もかかるような作業を1時間程度で終わらせることができます．

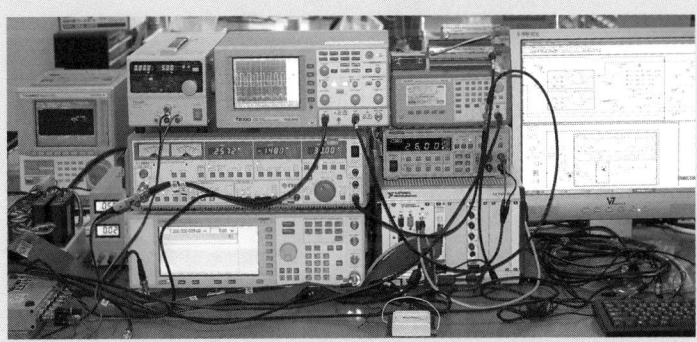

図1-1-3
研究現場の計測自動
制御システムの例

 **ポイント2　LabVIEWで○○を計測できますか？**

　LabVIEWで○○を計測できますか？　と問われることがあります．LabVIEWは，計測器に対してデータを取りなさいという命令を送ったり，得られたデータを解析したり，計測されたデータを保存するという機能に特化したプログラミング環境です．そのため，○○という現象を捕えることができる計測器があれば，○○を計測できるということになります．

　LabVIEWは計測をする電子機器ではなく，計測制御用に適したプログラミングソフトウェアです．ソフトウェアを使うことで何が便利になるのかということを念頭に入れながら，計測自動制御システムの構築を計画するようにしてください．

ツルメンツのホームページ(http://www.ni.com/jp)で確認してください．

　また，学生が自宅のコンピュータで学習するときに使用できる学生パッケージが安価で販売されています．本書を自宅で学習するには最適なパッケージです．詳しくは，(http://www.ni.com/jp/academic)をご覧ください．

　※この学生パッケージは，研究などの業務目的での使用は禁止されています．

　LabVIEWとは，どのようなソフトウェアなのか試してみたい場合は，日本ナショナルインスツルメンツ社のホームページから，評価版LabVIEWをダウンロードまたはDVD-ROM版として無償で入手することができます．使用期限は一か月間程度(LabVIEW2012の場合は最長45日間)に限られていますが，その間に本書を読みながら学習するのには十分な期間です．次の節では，LabVIEWのインストール作業から説明を開始します．

# 1-2 LabVIEWのインストール

### 概 要
ここではLabVIEWのインストール方法を説明します．

### 課 題

(1) 用意するもの
① インターネットに接続されたコンピュータ
② 図1-2-1に示すLabVIEWソフトウェアのDVD
③ 図1-2-2に示すシリアルNo.が書かれたCertificate of Ownershipのカード
④ アクティブ化通知用のメールアドレス

(2) インストール手順

　LabVIEWをインストールするには，LabVIEWパッケージのDVD-ROMをパソコンに入れます．図1-2-3に示すようにLabVIEWインストールウィンドウが起動するので「LabVIEWをインストール」をクリックします．

　インストールには，図1-2-3に示したようにシリアル番号の入力が必要になります（シリアル番号は図1-2-2に示したCertificate of Ownershipに書いてある）．LabVIEWソフトウェアはインターネットを介してシリアル番号を検証し，違法な複製ではないかどうかを調べるアクティブ化を必要とします．アクティブ化を実行せずに，評価版として一か月間程度（LabVIEW2012の場合は45日間）の試用版をインストールしてみたいという場合は，シリアル番号を入力せずに「次へ」をクリックしてください．

　図1-2-4に示すようなインストールする製品の選択ウィンドウが現れます．図1-2-4の「NI

図1-2-1
LabVIEWソフトウェアのDVD

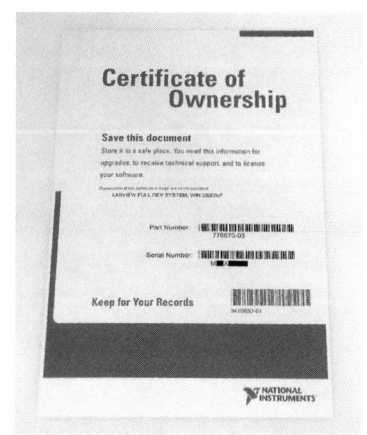

図1-2-2
Certificate of Ownershipカード

Measurement & Automation Explorer」は，ナショナルインスツルメンツの製品のバージョン管理等で必要になるソフトウェアなので，必ずインストールしてください．図1-2-4の「NI デバイスドライバ」は，ナショナルインスツルメンツの計測制御デバイスをパソコン上で認識させて動作させるために必要なものです．計測制御デバイスをプログラミングする予定がある場合は，デバイスドライバを必ずインストールしてください．以上のように，インストールするべきかどうかのウィンドウが何度か現れますが，ハードディスクの容量に問題がなければ，すべての機能をインストールしてください．

インストールする間にDVDの入れ替え作業が加わりますが，指示どおりにインストールを進めていくと，インストールが完了します．パソコンを再起動して，図1-2-5に示すようにWindowsのメニューからLabVIEWが追加されているかどうかを確認しておきましょう．

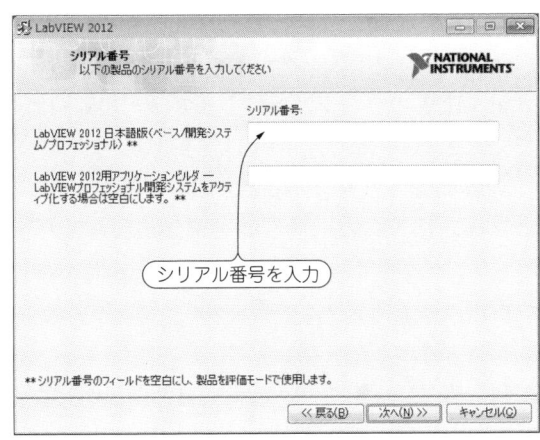

図1-2-3　LabVIEWインストールウィンドウとシリアル番号入力ウィンドウ

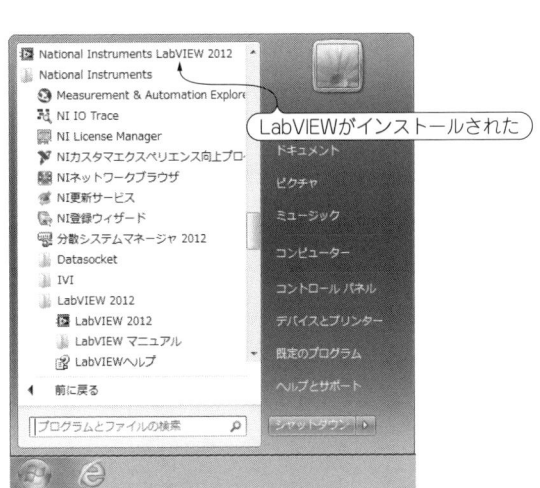

図1-2-4　インストールする製品の選択ウィンドウ　　図1-2-5　メニューに追加されたLabVIEW

# 1-3 LabVIEWの起動とウィンドウ名称

### 概要

ここではLabVIEWの起動方法，画面デザインの概要を理解していきます．LabVIEWにはユーザがデータを入力したり，計算結果を表示したりするためのウィンドウ画面の働きをするフロントパネル・ウィンドウと，計算方法などのプログラミングを記述するブロックダイアグラム・ウィンドウがあります．

### 課題

図**1-3-1**に示すようにWindowsのスタートメニューの中にあるプログラムからLabVIEWソフトウェアを選んで起動させてください．図**1-3-2**に示すようなLabVIEWの起動画面が現れます．

新規にプログラミングを始めるときは，図**1-3-2**に示すように，メニューバーの「ファイル→新規VI」（LabVIEWのバージョンによっては，起動画面のトップメニューにある「ブランクVI」）をクリックしてください．

新規VIをクリックすると，図**1-3-3**に示すような二つのウィンドウが開きます．灰色のウィンドウはフロントパネルといい，ユーザが条件を入力したり，得られた結果をグラフ表示したりするウィンドウです．

白色のウィンドウはブロックダイアグラムといい，どのような計算をさせるかなどの命令をプログラミングするウィンドウです．

制御器パレットについては，1-4節で説明します．

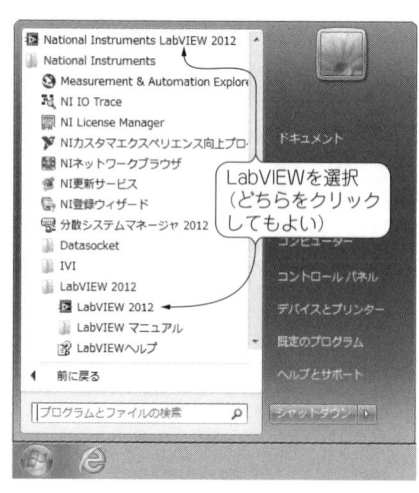

図1-3-1　LabVIEWの起動方法

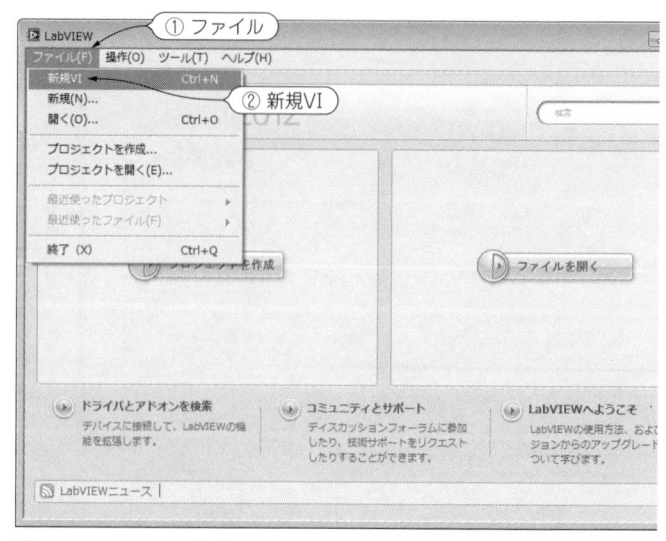

図1-3-2　LabVIEWの起動画面

**ポイント3 ディスカッションフォーラムとは？**

図1-3-2の起動画面にある「コミュニティとサポート」をクリックすると，ディスカッションフォーラムを呼び出すことができます．ディスカッションフォーラムとは，LabVIEWを中心としたナショナルインスツルメンツ製品の質問コーナーで，ナショナルインスツルメンツの社員や他のLabVIEWユーザから回答を得ることができます．

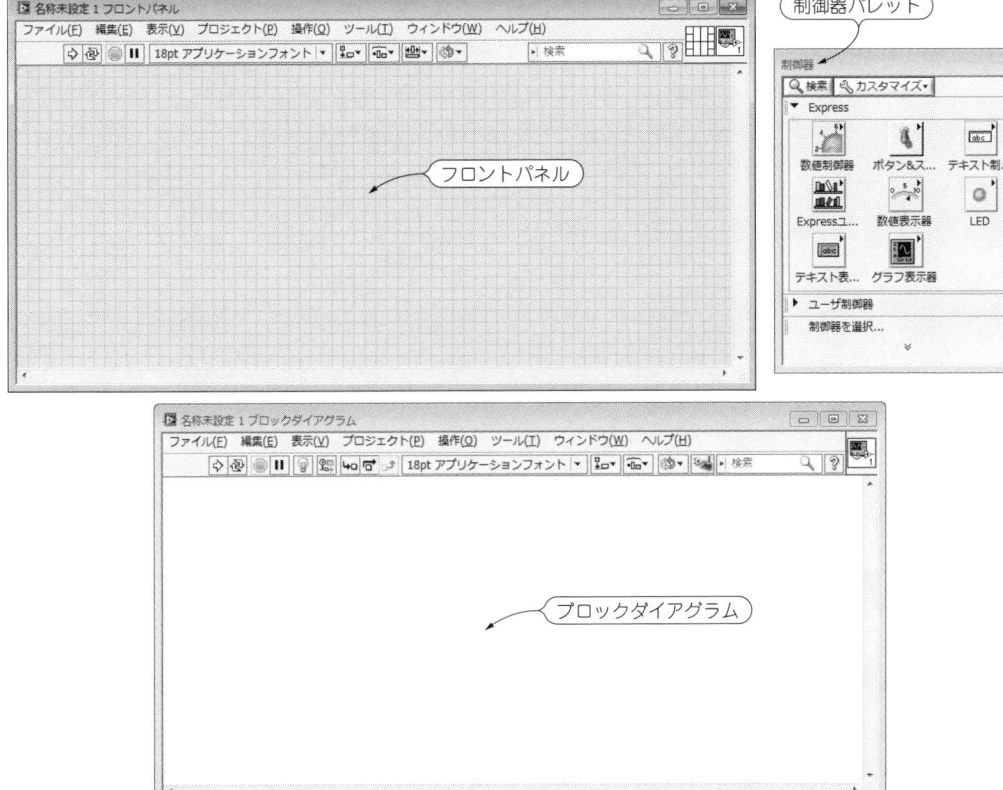

図1-3-3　フロントパネルとブロックダイアグラム

# 1-4 制御器パレット

### 概要

LabVIEWでデータを入力したり，計算結果を表示したりするときは，制御器パレットから必要なオブジェクトを呼び出して使います．

### 課題

フロントパネル上で右クリックすると，図1-4-1に示すような制御器パレットが現れます．または，図1-4-2に示すようにメニューの表示から制御器パレットを選択しても，制御器パレットを呼び出せます．ユーザの設定によっては，最初から画面上に見える設定にしてある場合もあります．

制御器パレット上でマウスを移動させると，いろいろなオブジェクトがあることがわかります．例えば，波形グラフは，図1-4-3に示すように「制御器パレット→Expressパレット→グラフ表示器パレット→波形グラフ」にあります．

また図1-4-4に示すように，制御器パレットの下端をクリックすると，制御器パレットが長く展開されて，すべてのオブジェクトを呼び出せるようになります．

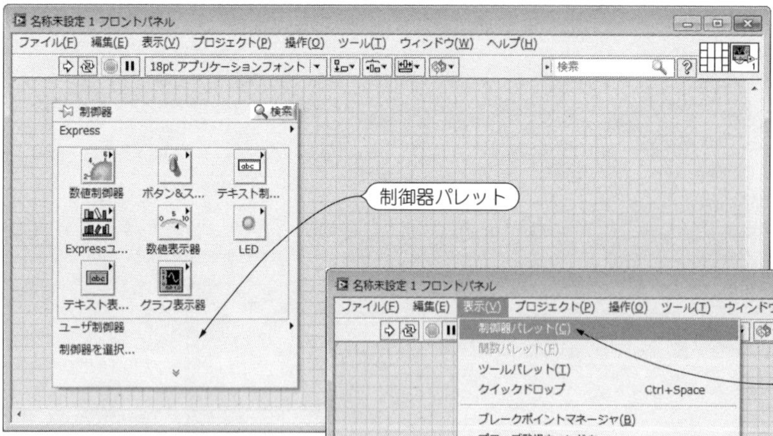

図1-4-1 右クリックで制御器パレットを呼び出す方法

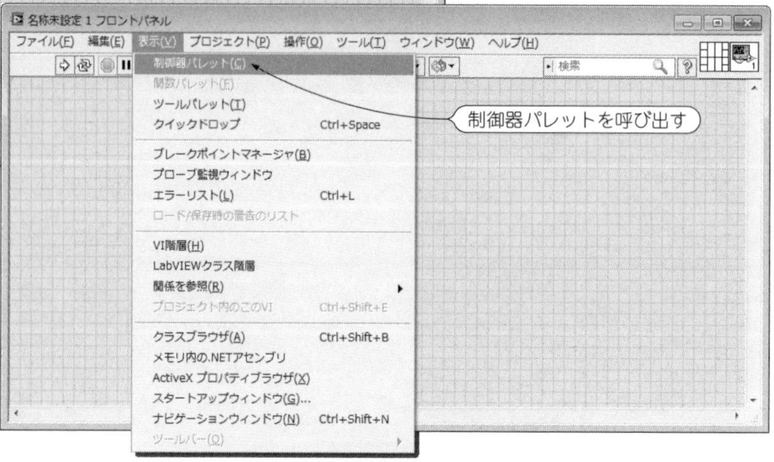

▶図1-4-2 メニューから制御器パレットを呼び出す方法

14 第1章 LabVIEWの基本操作

**ポイント4　パレットの項目の有無について**

**図1-4-4**の展開した制御器パレットには，制御系設計＆シミュレーションという項目が見えます．これはLabVIEWのバージョンやグレードによっては表示されない場合もあります．LabVIEWにはアドオンツールなどの追加機能があり，それらをインストールすると，制御器パレットから選べるオブジェクトの項目が増えるようになっています．

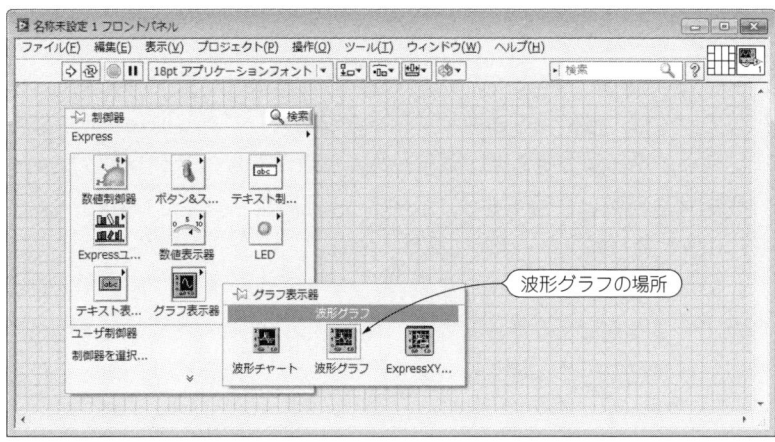

図1-4-3　波形グラフの場所

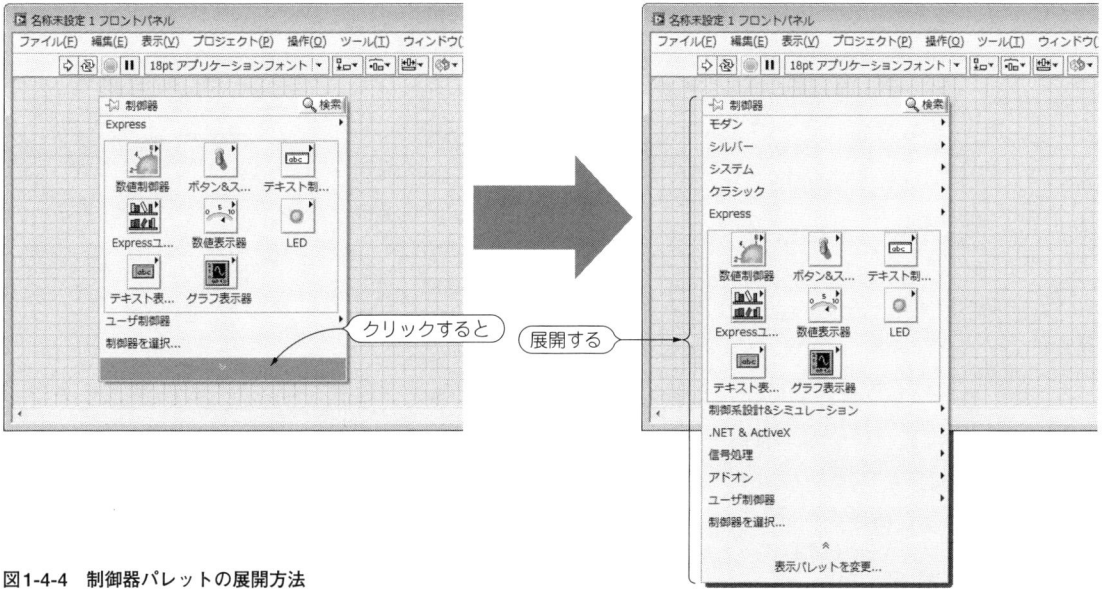

図1-4-4　制御器パレットの展開方法

1-4　制御器パレット　　15

# 1-5 関数パレット

### 概要

LabVIEWで計算方法や繰り返して反復実行などの命令をプログラミングするときは，関数パレットを呼び出して使います．

### 課題

ブロックダイアグラム上で右クリックすると，図1-5-1に示すような関数パレットが現れます．または，図1-5-2に示すようにメニューの表示から関数パレットを選択しても，関数パレットを呼び出せます．ユーザの設定によっては，最初から画面上に見える設定にしてある場合もあります．

関数パレット上でマウスを移動させると，いろいろな関数があることがわかります．例えば，加算をする**和関数**などの四則演算関数は，図1-5-3に示すように「関数パレット→Expressパレット→演算＆比較パレット→Express数値パレット→和」にあります．

図1-5-4に示すように，関数パレットの下端をクリックすると，関数パレットが長く展開されて，すべてのツールを呼び出せるようになります．なお，関数パレットの左上にあるピンをクリックすると，ピン止めされ関数パレットがずっと表示されるようになります．制御器パレットでも同様にピン止めできます．

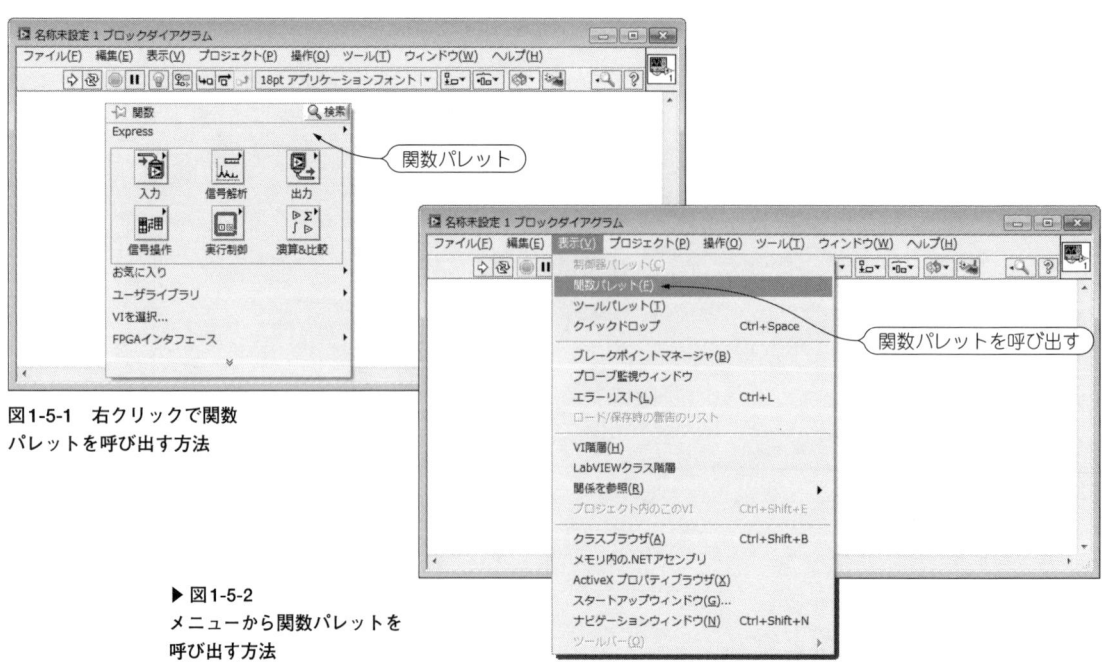

図1-5-1 右クリックで関数パレットを呼び出す方法

▶ 図1-5-2 メニューから関数パレットを呼び出す方法

16　第1章　LabVIEWの基本操作

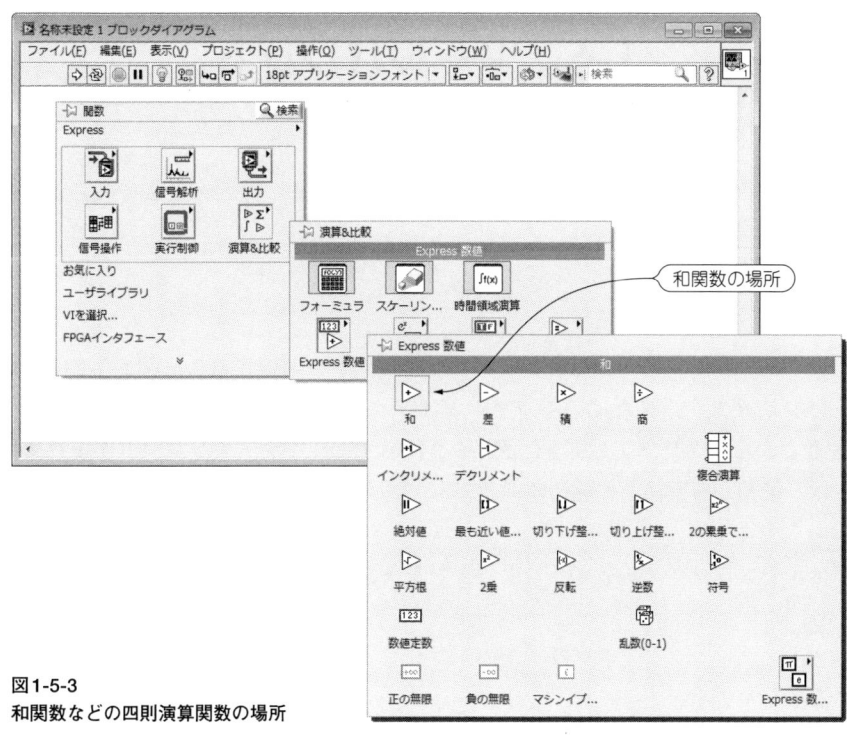

**図1-5-3**
和関数などの四則演算関数の場所

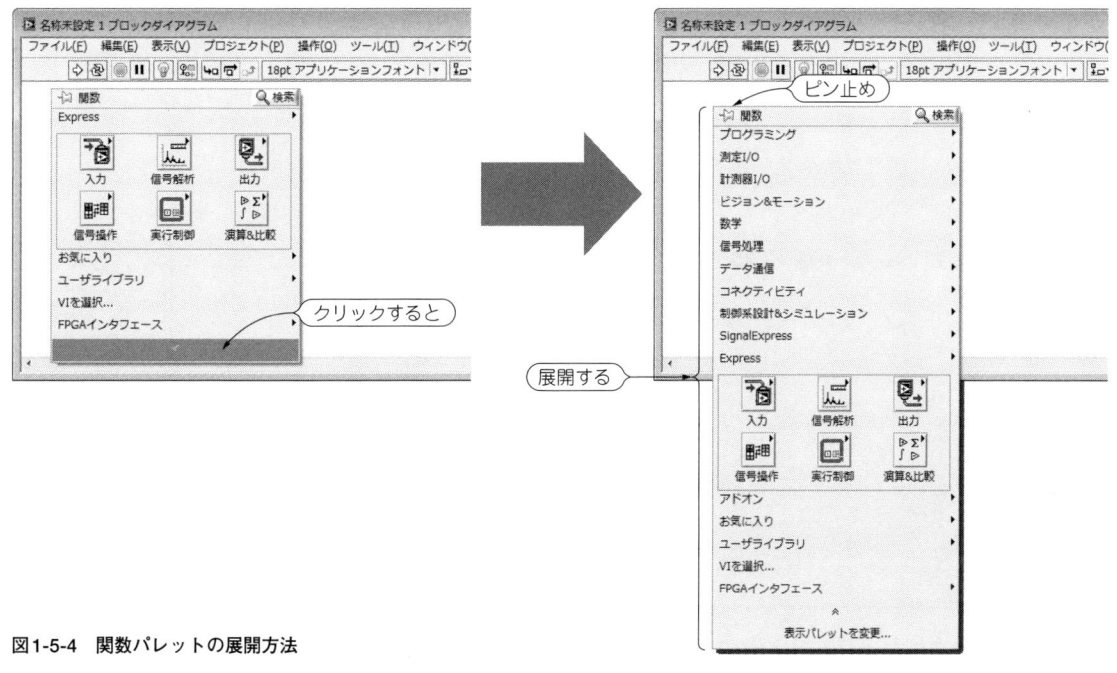

**図1-5-4** 関数パレットの展開方法

1-5 関数パレット　　17

# 1-6 ツールパレット

### 概要

LabVIEWでグラフなどのオブジェクトの大きさを変更したり，文字を書き込んだり，関数をワイヤで配線するときなどに使用するのがツールパレットです．

### 課題

図1-6-1に示すようにメニューの表示からツールパレットを選択すると，図1-6-2に示すようなツールパレットを呼び出せます．または，ブロックダイアグラムまたはフロントパネル上でキーボードのShiftキーを押しながら右クリックしても，図1-6-2に示すようなツールパレットが現れます．ユーザの設定によっては，最初から画面上に見える設定にしてある場合もあります．

- 指ツール
  フロントパネルやブロックダイアグラム上のオブジェクトのボタンを押すときに使用します．
- 矢印ツール
  フロントパネルやブロックダイアグラム上のオブジェクトの大きさを変えたり，移送させたりするときに利用するツールです．
- ラベリングツール
  フロントパネルやブロックダイアグラム上に文字や数字を書き込むときに使用します．
- ワイヤリングツール
  ブロックダイアグラムでワイヤを配線するときに使用します．

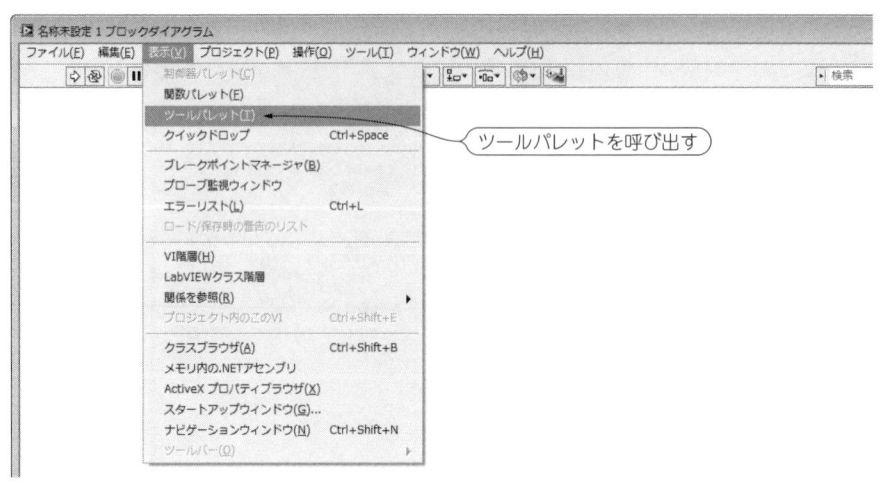

図1-6-1 メニューからツールパレットを呼び出す方法

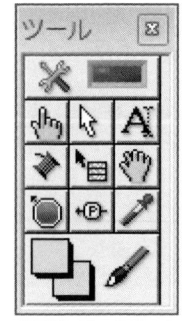

図1-6-2 LabVIEWのツールパレット

- **オブジェクトのショートカットツール**

  ブロックダイアグラムに配置した関数のショートカット・メニューをクリックで呼び出すときに使用するツールです．Windowsの場合は，右クリックで関数のショートカット・メニューを呼び出すので，ほとんど使用しません．

- **ウィンドウのスクロールツール**

  このツールを使うと，ウィンドウの位置を上下左右に動かすことができます．ウィンドウの右側や下側にあるスクロールバーの機能に似ています．

- **ブレークポイントツール**

  比較的大きなプログラムを作成して実行するときに，あらかじめ実行途中で一時停止させたいときがあります．このような場合に，ブレークポイントツールでクリックすることで，一時停止させたい箇所を指定できます．

- **プローブツール**

  比較的大きなプログラムを作成して実行するときに，途中経過のデータの流れを観察したいことがあります．このときにプローブツールで観察したい箇所をクリックすると，小さなウィンドウが現れて，流れているデータを観察することができます．

- **スポイトツール**

  オブジェクトの色を，他のオブジェクトの色としてコピーしたいときに，スポイトツールを使用して色をコピーすることができます．

- **カラーパレットツール**

  オブジェクトの色を変更するときに使用します．

- **自動選択ツール**

  指ツール，矢印ツール，ラベリングツール，ワイヤリングツールの4種類を自動的に切り替えるツールです．LabVIEWプログラムの大部分は，このツールを使用するだけで作成することができます．

# 1-7 メニューバー

### 概要
フロントパネルおよびブロックダイアグラムの上端にあるメニューバーの主要な機能について説明し，LabVIEWで作成したプログラムの保存方法などについて学びます．

### 課題
図1-7-1は，フロントパネルおよびブロックダイアグラムの上端にあるメニューバーを示しています．

#### (1) ファイルメニューについて
作成したプログラムを保存するときは，図1-7-2に示すようにメニューバーの「ファイル→保存」を使用します．この操作は，キーボードのCtrlキーを押しながらアルファベットのSキーを押しても同じ動作になります．

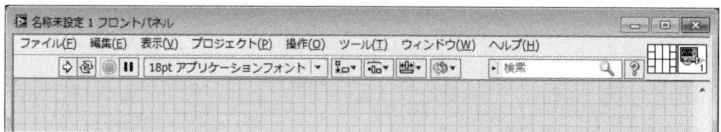

図1-7-1　LabVIEWのメニューバー

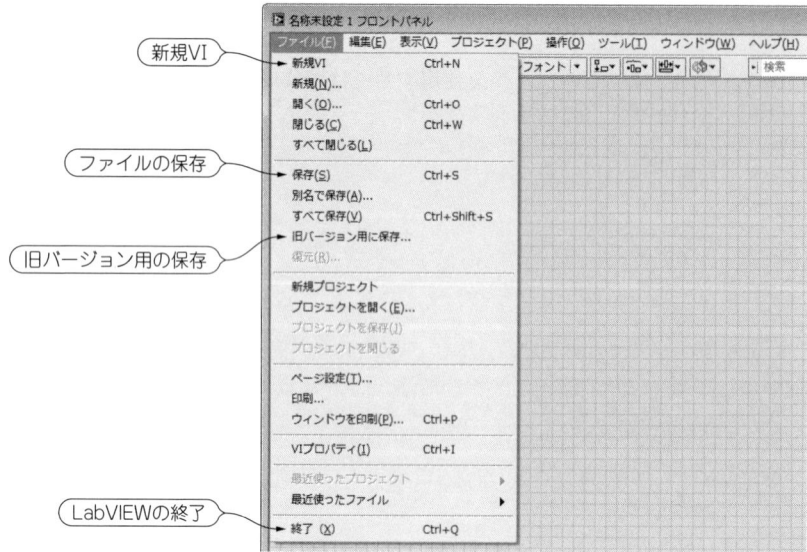

図1-7-2　LabVIEWのファイルメニュー

新しいプログラムを作成するために，新しいウィンドウを開くには，図1-7-2に示すようにメニューバーの「ファイル→新規VI」を使用します．この操作は，キーボードのCtrlキーを押しながらアルファベットのNキーを押しても同じ動作になります．

　LabVIEWを終了するときは，図1-7-2に示すようにメニューバーの「ファイル→終了」を使用します．この操作は，キーボードのCtrlキーを押しながらアルファベットのQキーを押しても同じ動作になります．

　LabVIEWの旧バージョンに変換したいときは，「ファイル→旧バージョン用に保存」を使用します．ただし，最新バージョンにしか備わっていない機能を使用したプログラムファイルは，旧バージョンに変換しようとすると警告が出るので，気を付けてください．

### (2) 編集メニューについて

　プログラムを作成中に，誤った操作を取り消して元に戻りたいときは，図1-7-3に示すようにメニューバーの「編集→取り消し」を使用します．この操作は，キーボードのCtrlキーを押しながらアルファベットのZキーを押しても同じ動作になります．

　LabVIEWのプログラムの特徴は，ブロックダイアグラムの関数をスクリーン上でワイヤを配線していく点ですが，配線方法を間違えると，図1-7-4に示すように配線が破線になります．このような破れた配線を一括して消去するときは，図1-7-3に示すようにメニューバーの「編集→不良ワイヤを削除」を使用します．この操作は，キーボードのCtrlキーを押しながらアルファベットのBキーを押しても同じ動作になります．

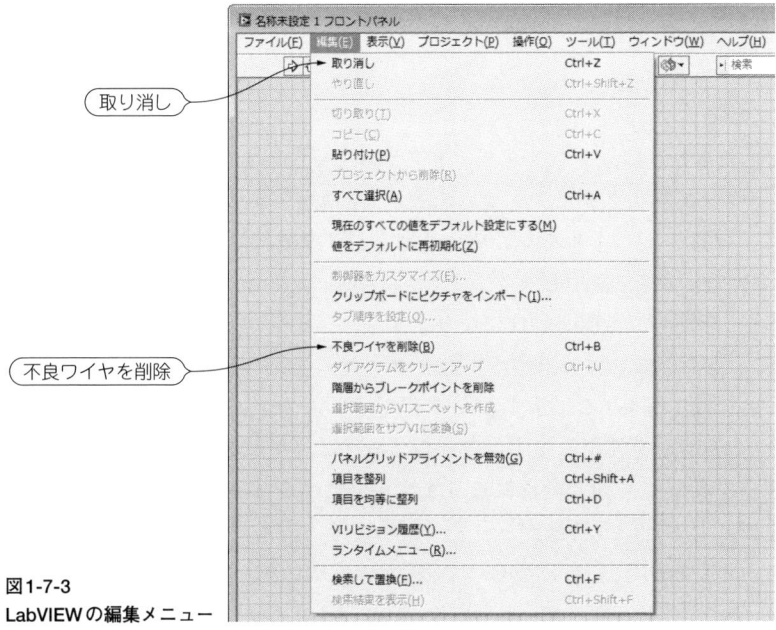

図1-7-3
LabVIEWの編集メニュー

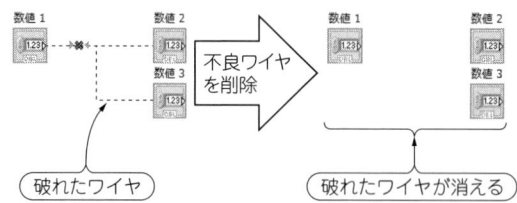

図1-7-4 メニューバーの「編集→不良ワイヤを削除」で，破れたワイヤを一括消去できる

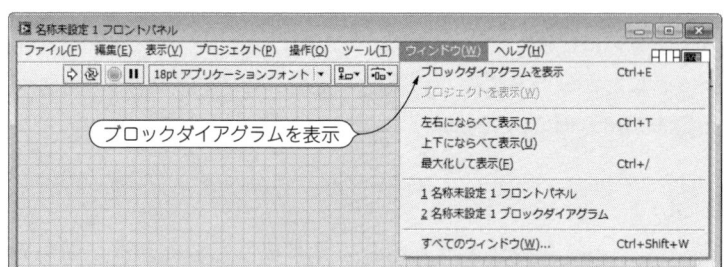

図1-7-5 メニューバーの「ウィンドウ→ブロックダイアグラムを表示」

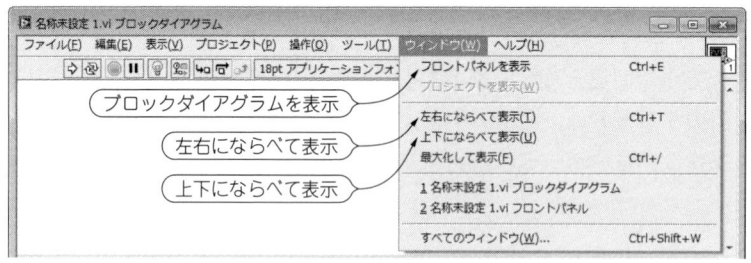

図1-7-6 メニューバーの「ウィンドウ→フロントパネルを表示」

## (3) ウィンドウメニューについて

フロントパネルを操作しているときに，ブロックダイアグラムを見たいときは，**図1-7-5**に示すようにメニューバーの「ウィンドウ→ブロックダイアグラムを表示」を使用します．逆にブロックダイアグラムを操作しているときに，フロントパネルを見たいときは，**図1-7-6**に示すようにメニューバーの「ウィンドウ→フロントパネルを表示」を使用します．これらの操作は，キーボードのCtrlキーを押しながらアルファベットのEキーを押しても同じ動作になります．

**図1-7-7**および**図1-7-8**に示すようにフロントパネルとブロックダイアグラムの両方をディスプレイ全面に並べて表示させたいときは，**図1-7-6**に示すようにメニューバーの「ウィンドウ→左右にならべて表示（または上下にならべて表示）」を使用します．これらの操作は，キーボードのCtrlキーを押しながらアルファベットのTキーを押しても同じ動作になりますが，このショートカットキーによる方法は，直前に選んだ並べ方を繰り返すという特徴があります．つまり，直前に「左右にならべて表示」を使っていた場合は，Ctrlキー＋Tキーで「左右にならべて表示」の動作となり，直前に「上下にならべて表示」を使っていた場合は，Ctrlキー＋Tキーで「上下にならべて表示」の動作と判断されるようになっ

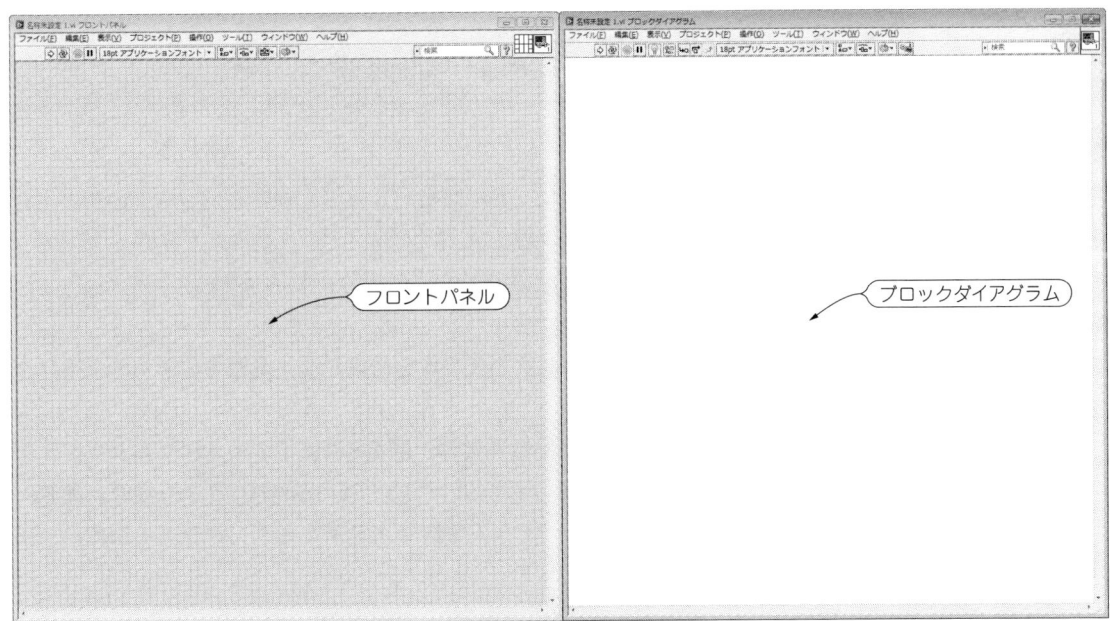

**図1-7-7** メニューバーの「ウィンドウ→左右にならべて表示」を選択した結果

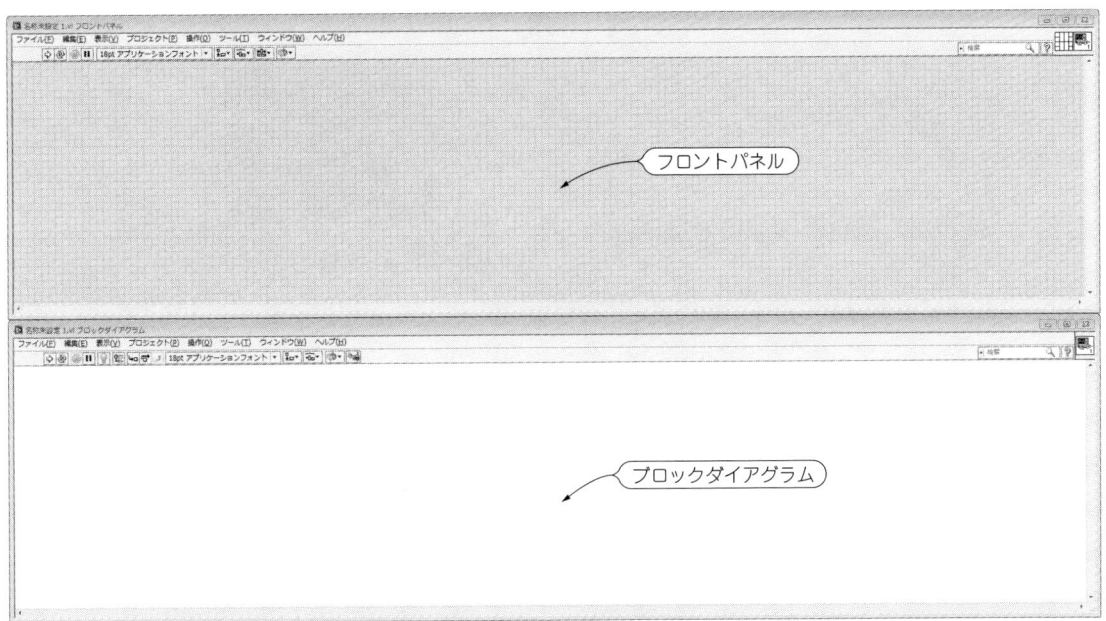

**図1-7-8** メニューバーの「ウィンドウ→上下にならべて表示」を選択した結果

ています.

　メニューバーの他の機能については，必要に応じて説明していきます.

# 1-8 プログラミングの基本操作

**概要**

簡単なLabVIEWプログラムを作成し，制御器パレットや関数パレット，ツールパレットの使い方に慣れていきます．

**課題**

図1-8-1に示すようなフロントパネルとブロックダイアグラムを作成して，乱数を波形チャートに表示してみましょう．

ブロックダイアグラム上にあるサイコロマークの**乱数関数**は，図1-8-2に示すようにブロックダイアグラム上で右クリックして現れる関数パレットから「関数パレット→Expressパレット→演算＆比較パレット→Express数値パレット→乱数」にあるので，マウス操作でブロックダイアグラム上に置いてください．

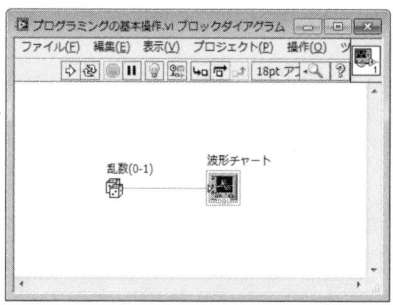
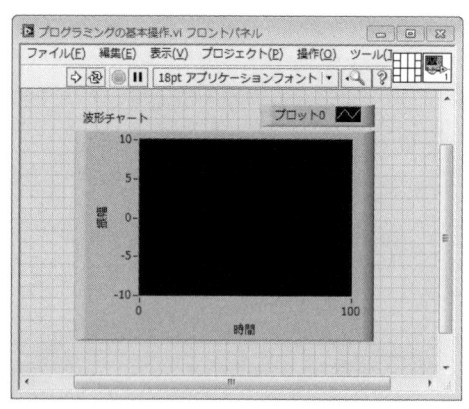

図1-8-1 乱数を波形チャートに表示

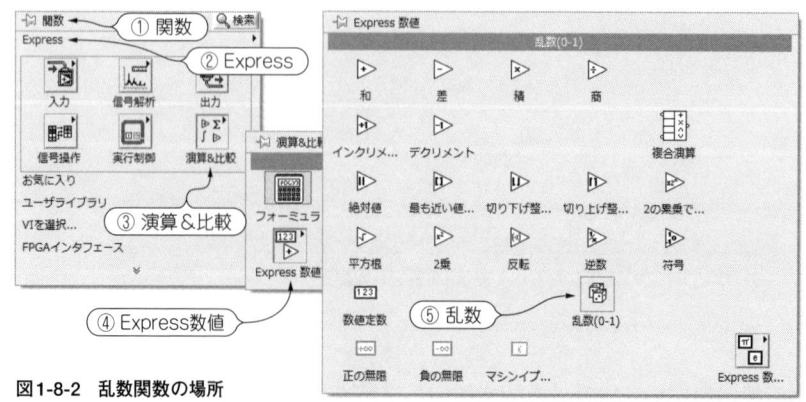

図1-8-2 乱数関数の場所

24 第1章 LabVIEWの基本操作

**ポイント5　ラベルは端子上で右クリックして現れるメニューから作成・表示できる**

なお，同じフロントパネル，またはブロックダイアグラム上に，同じ名前のラベルを付けてもプログラムの動作に支障はありませんが，プログラムを見直すときにわかりにくくなるので，できるだけ同じ名前を使用しないようにしましょう．

　もし，操作方法を間違えてしまったときは，メニューバーの「編集→取り消し」を使用します．または，キーボードのCtrlキーを押しながらアルファベットのZキーを押しても同様です．

　**図1-8-1**の乱数関数には「乱数(0-1)」というラベルが付いています．ラベルを付ける場合には**図1-8-3**に示すように関数上にマウスを重ねて右クリックして現れるメニューから「表示→ラベル」を選択すればよいです．

　フロントパネル上にある波形チャートは，**図1-8-4**に示すようにフロントパネル上で右クリックして現れる制御器パレットから「制御器パレット→Expressパレット→グラフ表示パレット→波形チャート」にあるので，マウス操作でフロントパネル上に置いてください．

　フロントパネルに波形チャートをおくと，ブロックダイアグラムには**図1-8-5**に示すように波形チャートに対応した端子が現れます．この端子に**乱数関数**から発生した数値を渡すと，波形チャートに乱数が表示されることになります．

　**乱数関数**と波形チャートの端子は，ツールパレットのワイヤリングツールまたは自動選択ツールを使用して，**図1-8-5**に示すようにマウス操作で配線してください．配線は，**図1-8-1**とまったく同じでなくとも，**乱数関数**と波形チャートの端子間が配線されていれば，問題がありません．

　**図1-8-1**のプログラムが完成したら，忘れずにプログラムファイルを保存してください．プログラムファイルの保存方法はメニューバーの「ファイル→保存」を使用します．または，キーボードのCtrlキーを押しながらアルファベットのSキーを押しても同様です．例えば「図1-8-1.VI」などのように，自分でわかりやすい名前をつけて保存してください．実行方法は，次のページで説明します．

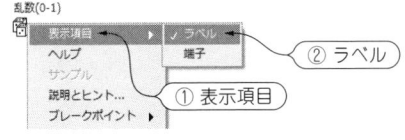

図1-8-3　ラベルの付け方

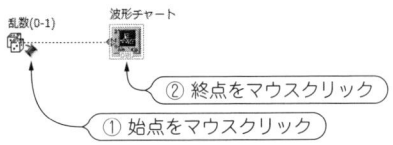

図1-8-5　マウスで配線する方法

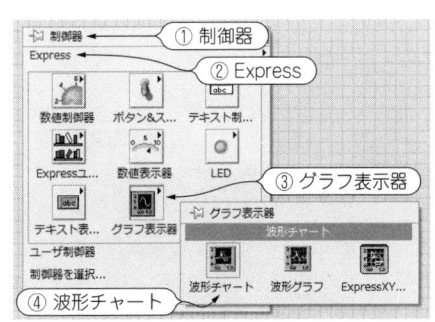

図1-8-4　波形チャートの場所

1-8　プログラミングの基本操作

# 1-9 ツールバー

### 概要

フロントパネルおよびブロックダイアグラムの上部にあるツールバーの主要な機能について説明し，LabVIEWで作成したプログラムの実行方法について学びます．

### 課題

1-8節で作成して保存したプログラムを実行して動作を確認します．LabVIEWで作成したプログラムを実行するときには，**図1-9-1**に示すツールバーを使用します．以下にプログラムの実行に関するツールバーの主な機能を説明します．

- **実行ボタン**

  LabVIEWで作成したプログラムは，矢印マークボタンを押すと実行できます．キーボードのCtrlキーを押しながらアルファベットのRキーを押しても同様です．

- **連続実行ボタン**

  LabVIEWで作成したプログラムを連続的に何度も実行させるときは，矢印が回転しているマークボタンを押すと実行できます．ファイルダイアログやポップアップウィンドウなどを含むプログラムを連続実行すると，プログラムを停止できなくなります．そのときは，キーボードのCtrlキーを押しながらキーボードのピリオド(.)キーを押すと強制終了できます．

- **停止ボタン**

  LabVIEWで作成したプログラムを強制的に停止させるときは，この赤いボタンを使用します．通常のプログラムは，プログラミングで設計された計算を実行し終えたら，プログラムの実行が停止するように作成しますが，誤ったプログラムを作成すると終わりがないプログラムを作ってしまう場合があります．このようなときに使用するボタンだと覚えておいてください．しかし，プログラムの設定

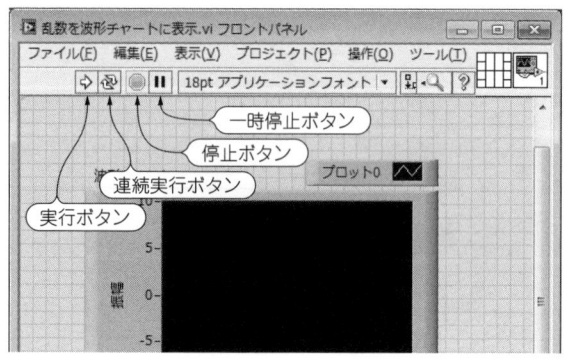 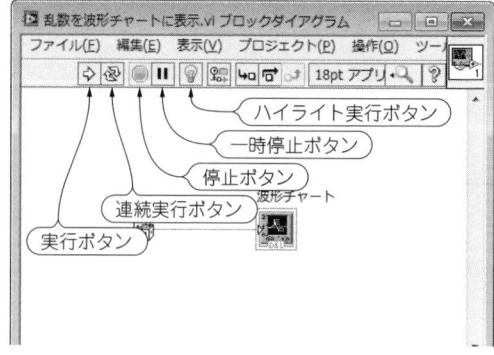

**図1-9-1** LabVIEWのツールバー

>  **ポイント6　強制停止方法の流れ**
>
> 通常は，計算が終わったらプログラムが終了するので，停止ボタンを使用しない
> 　↓しかし，終わりがないプログラムを作ってしまった
> 赤いボタンの停止ボタンを使用する
> 　↓それでも終了できない
> Ctrlキーを押しながらピリオド(．)キーを押し強制終了
> 　赤いボタンの停止ボタンを押す停止方法とCtrlキーを押しながらピリオド(．)キーを押し強制終了する方法は，コンピュータ内部で使用したメモリ領域が解放されない場合があります．「コンピュータのメモリが不足しています」というWindowsからのエラーを発生させる原因になる場合があるので注意してください．

で停止ボタンさえも無効に設定し，さらに終わりがないプログラムを作成して実行してしまった場合は，キーボードのCtrlキーを押しながらキーボードのピリオド(．)キーを押して強引に強制終了することになります．

- ハイライト実行ボタン 💡

LabVIEWの優れた特徴として，データの流れが見えるという点があります．ブロックダイアグラムのツールバーにあるハイライト実行ボタンを押してから，実行ボタンを押すと，図1-9-2に示すようにデータの流れが見ることができ，プログラムに不具合がある場合には，どこが間違っていたのかを調べるときの参考になります．

- 一時停止ボタン ⏸

一時的にプログラムの実行を止めたいときに使用します．ハイライト実行中に使用することが多いです．

作成したプログラムを実行して動作を確認してみましょう．図1-9-3に示すように，実行ボタンを数回押すと，乱数が発生し，波形チャートに乱数が表示されることを確認してください．

次に連続実行ボタンを押してみてください．図1-9-4に示すように高速度で乱数が発生し波形チャートに表示されるようすがわかります．もう一度，連続実行ボタンを押すと，連続実行が終わります．

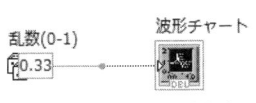

図1-9-2　ハイライト実行中の
ブロックダイアグラム

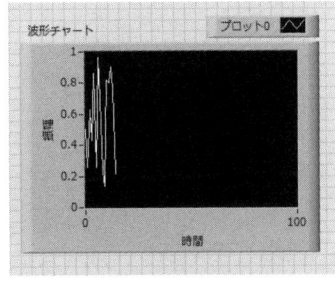

図1-9-3　数回実行後の波形チャート

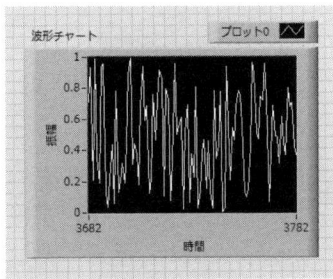

図1-9-4　連続実行後の波形チャート

# 1-10 制御器・表示器・定数と属性

### 概要

LabVIEWにおけるデータの取り扱いにおいて，制御器と表示器と定数という3種類の属性があります．制御器は，ユーザがフロントパネルからデータを入力するときに使用する属性です．表示器は，プログラムの実行で得られた結果を表示する属性です．定数は，ブロックダイアグラム内であらかじめ決まったデータを与えるときに使用するものです．ここでは，これらの属性の違いを学びます．

### 課題

図1-10-1に示すようなフロントパネルとブロックダイアグラムを作成して，制御器と表示器と定数の違いを学びます．新しいプログラムを作成するときは，メニューバーの「ファイル→新規VI」を使用します．または，キーボードのCtrlキーを押しながらアルファベットのNキーを押しても同様に作成することができます．

図1-10-1に示すフロントパネル上の数値制御器は，図1-10-2に示すようにフロントパネル上で右クリックして現れる制御器パレットから「制御器パレット→Expressパレット→数値制御器パレット→数値制御器」にあります．フロントパネル上に数値制御器を作成すると，ブロックダイアグラム上には数値制御器に対応した端子が現れることを確認してください．もし，操作方法を間違えてしまったときは，メニューバーの「編集→取り消し」を使用します．または，キーボードのCtrlキーを押しながらアルファベットのZキーを押してもよいことを思い出してください．

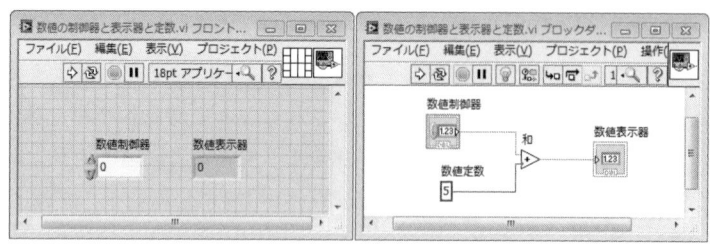

図1-10-1 数値の制御器と表示器と定数

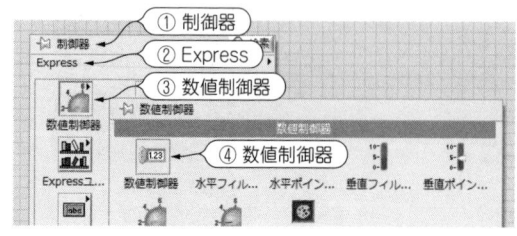

図1-10-2 数値制御器の場所

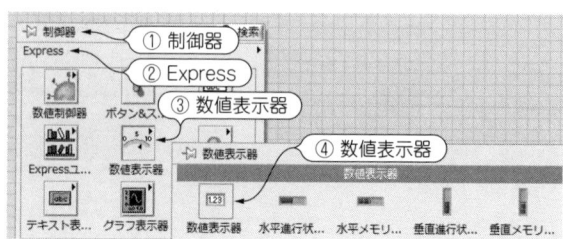

図1-10-3 数値表示器の場所

**ポイント7　制御器属性と表示器属性**

制御器：データを入力するときに使用
表示器：データを表示するときに使用

　図1-10-1に示すフロントパネル上の数値表示器は，図1-10-3に示すようにフロントパネル上で右クリックして現れる制御器パレットから「制御器パレット→Expressパレット→数値表示器パレット→数値表示器」にあります．フロントパネル上に数値表示器を作成すると，ブロックダイアグラム上には数値表示器に対応した端子が現れることを確認してください．ラベルの名前を変更するときはツールパレットのラベリングツール（1-6節を参照）を使用します．

　図1-10-1に示すブロックダイアグラム上の数値定数は，図1-10-4に示すようにブロックダイアグラム上で右クリックして現れる関数パレットから「関数パレット→Expressパレット→演算＆比較パレット→Express数値パレット→数値定数」にあります．数値はツールパレットのラベリングツールを使用して書き込みます．

　図1-10-1に示すブロックダイアグラム上の**和関数**は，図1-10-4に示すようにブロックダイアグラム上で右クリックして現れる関数パレットから「関数パレット→Expressパレット→演算＆比較パレット→Express数値パレット→和」にあります．

　図1-10-1のブロックダイアグラムが完成したら，ブロックダイアグラムのツールバーにあるハイライト実行ボタンを押してから，実行ボタンを押してみてください．図1-10-5に示すようにデータの流れを見ることができます．ユーザがフロントパネルからデータを入力するときに使用する属性は制御器であり，プログラムの実行で得られた結果を表示する属性は表示器であり，ブロックダイアグラム内であらかじめ定められたデータを与える属性は定数であることがわかります．プログラムファイルは，忘れずに名前をつけて保存してください．

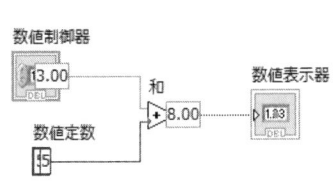

図1-10-5　ハイライト実行したときのようす

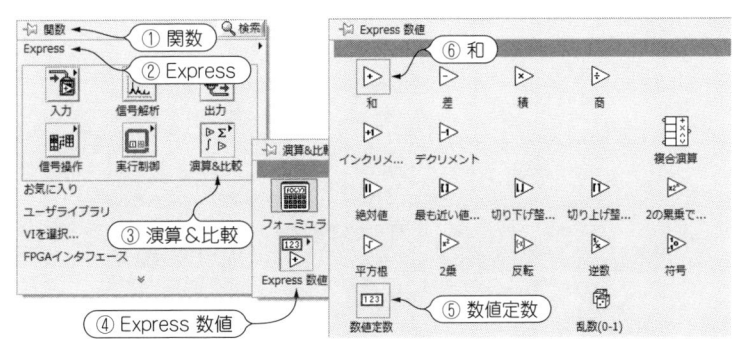

図1-10-4　数値定数と和関数の場所

1-10　制御器・表示器・定数と属性

# 1-11 数値の制御器・表示器の種類

### 概要

ここではLabVIEWで用意されている数値の制御器，数値の表示器の種類を紹介します．LabVIEWには，ダイアルやスライダの外観を備えた数値の制御器，メーターや温度計の外観を備えた表示器が用意されており，フロントパネルに並べるだけで操作性の良いグラフィカルなプログラムを作成することができます．

### 課題

図1-11-1に示すようなフロントパネルを作成して，LabVIEWに備わっている数値の制御器と表示器を確認します．新規にプログラムを作成します．新しいプログラムを作成するときは，メニューバーの「ファイル→新規VI」を使用します．または，キーボードのCtrlキーを押しながらアルファベットのNキーを押しても同様です．

図1-11-1に示すフロントパネル上の数値の制御器「ダイアル」と「スライド」は，図1-11-2に示すようにフロントパネル上で右クリックして現れる制御器パレットから「制御器パレット→Expressパレット→数値制御器パレット」にあるので，さまざまな種類の数値の制御器があることを確認してから，ダイアルとスライドをフロントパネル上においてください．フロントパネル上に数値の制御器を作成すると，

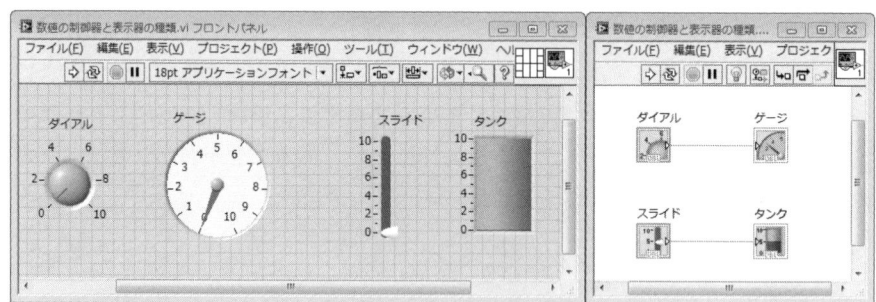

図1-11-1
さまざまな数値の制御器と表示器

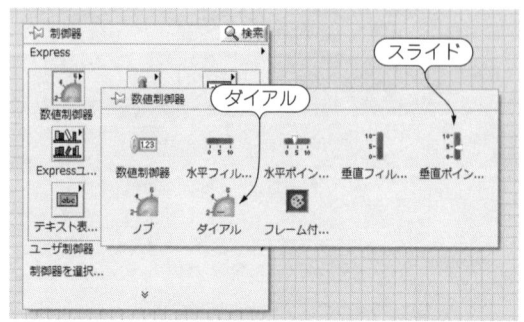

図1-11-2
さまざまな数値の制御器

### ポイント8　属性の変更方法

各属性は，端子上で右クリックして現れるメニューから変更できます．

---

ブロックダイアグラム上には数値制御器に対応した端子が現れることを確認してください．

同様に，図1-11-1に示すフロントパネル上の数値の表示器「ゲージ」と「タンク」は，図1-11-3に示すようにフロントパネル上で右クリックして現れる制御器パレットから「制御器パレット→Expressパレット→数値制御器パレット」にあるので，さまざまな種類の数値の表示器があることを確認してから，ゲージとタンクをフロントパネル上においてください．フロントパネル上に数値の表示器を作成すると，ブロックダイアグラム上には数値の表示器に対応した端子が現れることを確認してください．

なお，制御器の端子と表示器の端子を比較すると，制御器のほうは枠が太いという特徴があります．

図1-11-1のブロックダイアグラムが完成したら，ファイル名をつけて保存してから，実行ボタンを押してください．制御器に与えられた数値が表示器で表示されるようすがわかります．

これらの制御器と表示器の属性は互いに変更できます．図1-11-4に示すように制御器であるダイアルの場合は，ブロックダイアグラムにある各端子の上で右クリックすると現れるメニューから，「表示器に変更」または「定数に変更」が可能です．同様に，表示器の属性も「制御器に変更」または「定数に変更」が可能です．

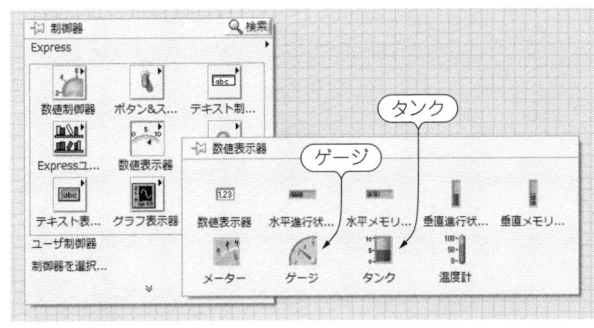

図1-11-3
さまざまな数値の表示器

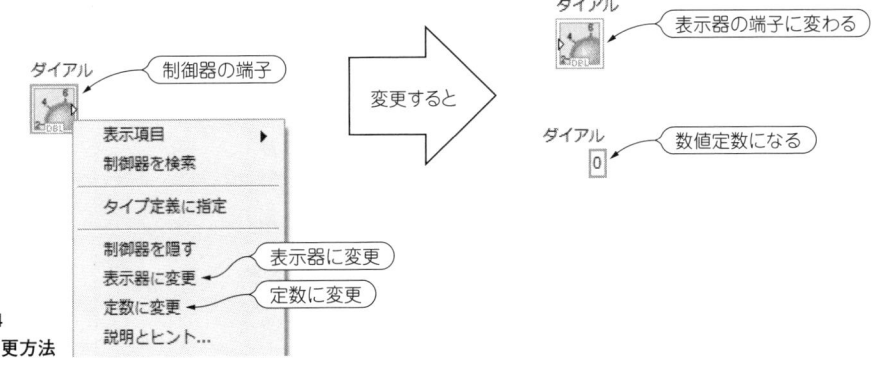

図1-11-4
属性の変更方法

1-11　数値の制御器・表示器の種類

# 1-12 オブジェクトの整列・消去・コピー方法

## 概要

フロントパネルのダイアルとゲージの配置を揃えたり，ブロックダイアグラムの端子や関数の位置を揃えたりするときは，ツールバーにある整列ツールボタンで整列できます．ここでは，オブジェクトの位置の整列方法，消去方法，コピー方法について学びます．

## 課題

1-11節で作成したプログラムを利用します．ツールパレットの矢印ツールを使用して，次の順序にしたがって，端子の配置の整列方法，消去方法，コピー方法を練習してください．

整列させたい端子を図1-12-1に示すようにマウスでドラッグして選ぶと，選ばれた端子が点線で囲まれます．個別に整列させたい端子を選ぶときは，キーボードのShiftキーを押しながらマウスでクリックすると連続的に選択することができます．

選ばれた端子が点線で囲まれている状態で，図1-12-2に示すツールバーの整列ツールボタンの「上端を揃える」を押すと，上側にそろえることができます．

図1-12-3に示すツールバーの整列ツールボタンの「水平に隣接配置」を押すと，横方向に密着させることができます．

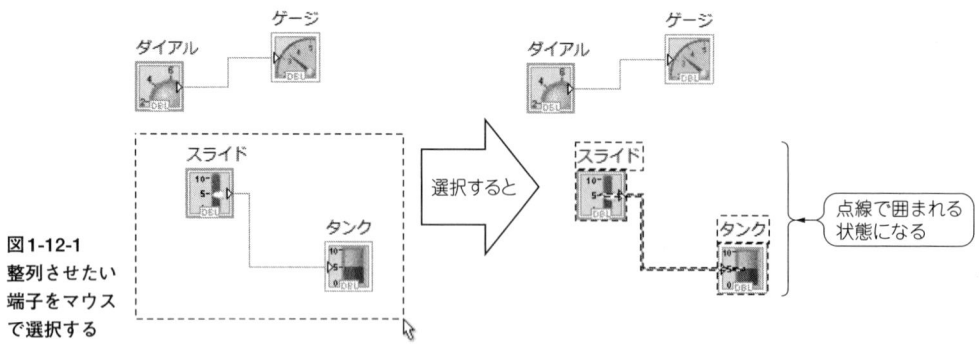

図1-12-1 整列させたい端子をマウスで選択する

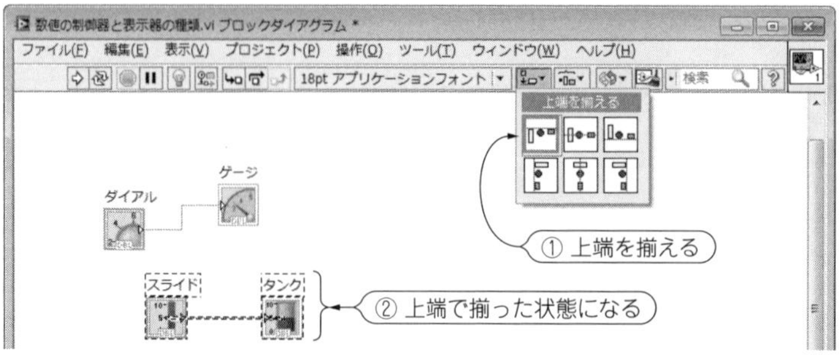

図1-12-2 ツールバーの「上端を揃える」で端子を揃える

**ポイント9　整列・消去・コピー方法**

整列ツールボタンは，複数個のオブジェクトをきれいに並べることができる．
Ctrlキーを押しながらマウスでクリックすると，複数個のオブジェクトを選択できる．
オブジェクトを選択した状態でBackspaceキーを押すと消去できる．

図1-12-4に示すように，端子が点線で囲まれた状態で，キーボードのBackspaceキーを押すと消去することができます．端子を消去した後に，元に戻す場合は，キーボードのCtrlキーを押しながらアルファベットのZキーを押せば元に戻せます．

また，図1-12-5に示すように，端子が点線で囲まれた状態でマークダウンしたまま，横方向に移動させて，キーボードのCtrlキーを押して，Ctrlキーを押したままマウスから手を放すと同じ端子がコピーされて増えて，フロントパネルにもコピーができます．

これらの整列，消去，コピー方法は，フロントパネルにある制御器や表示器にも同様に操作できるので試してみてください．この方法を利用すれば，きれいなフロントパネルのデザインを短時間で作り上げることができます．

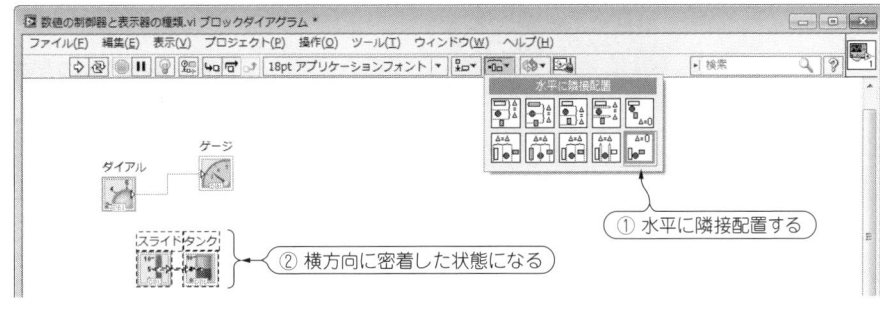

図1-12-3　ツールバーの「水平に隣接配置」で端子を横方向に密着させる

図1-12-4　Backspaceキーで端子を消去する

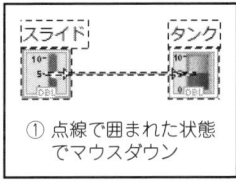

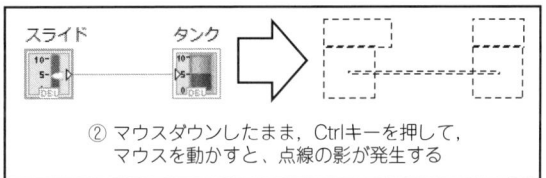

図1-12-5　Ctrlキーを押しながらマウスで選択してコピーする

# 1-13 オブジェクトの編集・色の変更

### 概要

ここでは，波形チャートの大きさを変えたり，フロントパネルのフォントのサイズを揃えたり，タンクの色を変えたり，スライドの軸の数値を変える方法を学びます．

### 課題

1-9節で使用したプログラムを利用して，オブジェクトの編集を練習してください．

**図1-13-1**のように，ツールパレットの矢印ツールを選択して，フロントパネルにある波形チャートの端をマウスでドラッグすると，波形チャートの大きさを変えることができます．

また，波形チャートのフォントサイズを変更するときは，**図1-13-2**に示すように，ラベリングツールを使用してフォントサイズを変更したいフォントをマウス操作で選択し，ツールバーからフォントサ

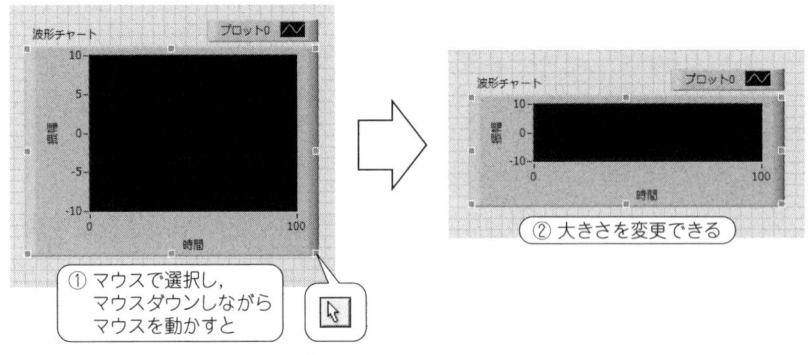

図1-13-1　波形チャートの大きさを変更する

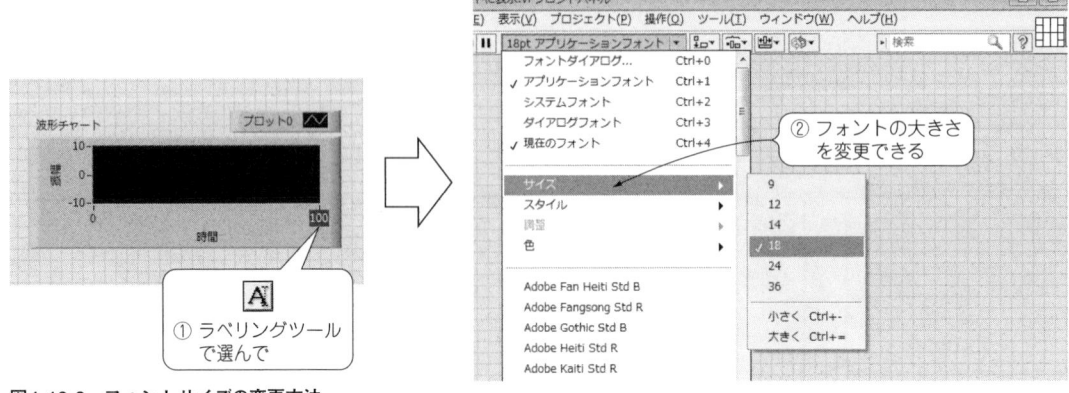

図1-13-2　フォントサイズの変更方法

イズを選択します．ここではフォントを変更することもできます．
　次は1-12節で使用したプログラムを利用して，オブジェクトの編集を練習してください．
　タンクの色を変更してください．ツールパレットのカラーパレットツール（詳細は1-6節を参照）を選択し，色を変えたい部分にマウスを重ねて右クリックすると，**図1-13-3**に示すようにカラーパレットのメニューが現れ，好みの色に変更できるようになります．
　スライドの軸の数値を変えるには，**図1-13-4**に示すように，ラベリングツールを使用して変えたい数値をマウス操作で選択し，キーボードで半角数値を打ち込みます．
　縦横比を保ちながらフロントパネルのオブジェクトのサイズを変更する場合は，**図1-13-5**に示すように，ツールパレットの矢印ツールを選択して，キーボードのShiftキーを押しながらマウスドラッグすると，縦横比が維持されます．

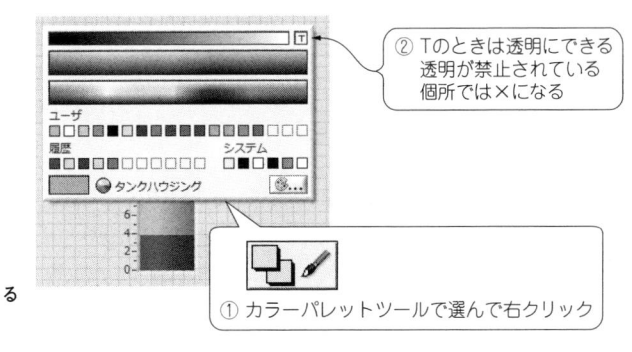

図1-13-3
カラーパレットツールによる
タンクの色の変更方法

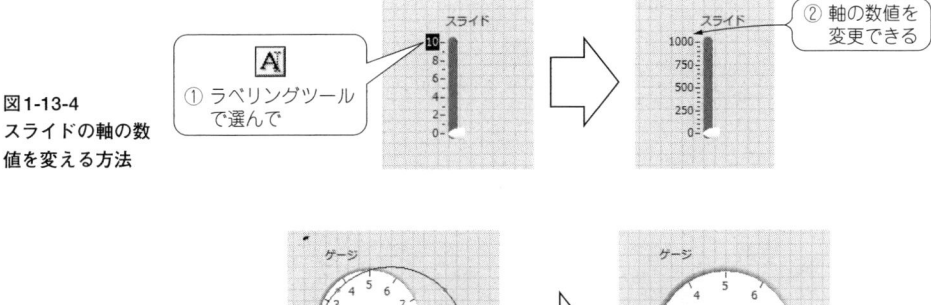

図1-13-4
スライドの軸の数値を変える方法

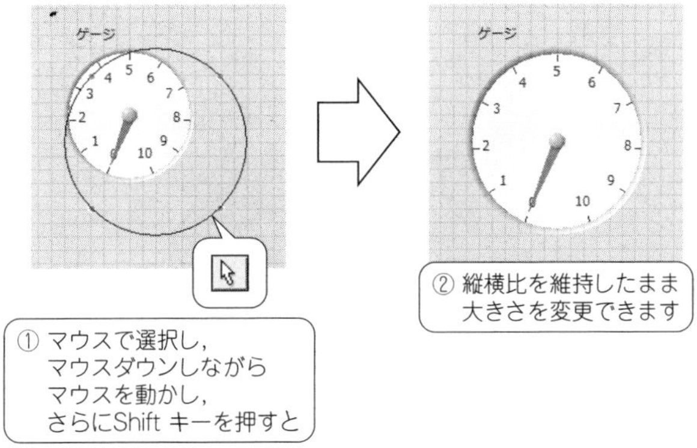

図1-13-5
縦横比を保ちながら大きさを変える方法

1-13　オブジェクトの編集・色の変更

# 1-14 第1章の章末問題

(1) 図**1-14-1**に示すようにダイアルを配置して，均等間隔で5個並べてください．

図**1-14-1**
均等間隔で並んだダイアル数値制御器

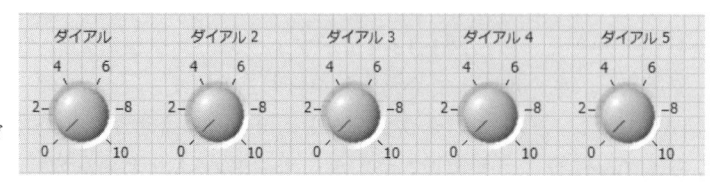

(2) 次に挙げるキーボード操作で実行できる動作を答えてください．

　　Ctrl＋Bキー　　　　　Ctrl＋Eキー　　　　　Ctrl＋Nキー
　　Ctrl＋Qキー　　　　　Ctrl＋Rキー　　　　　Ctrl＋Sキー
　　Ctrl＋Tキー　　　　　Ctrl＋Zキー　　　　　Ctrl＋ピリオド（.）キー

(3) フォントサイズを100ptに設定するためには，どうしたらよいですか？

(4) 通常の水平ポインタスライドの軸は，左の数値が小さく，右の数値が小さくなっています．これを逆転させて，図**1-14-2**に示すように，左の数値を大きく，右の数値を小さくするためには，どうしたらよいですか？

図**1-14-2**
軸の数値が逆転している水平ポインタスライド数値制御器

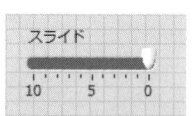

(5) 波形チャートのプロットの色を赤色に変えるには，どうしたらよいですか？

(6) 図**1-14-3**に示すように，波形チャートの外枠を消すには，どうしたらよいですか？

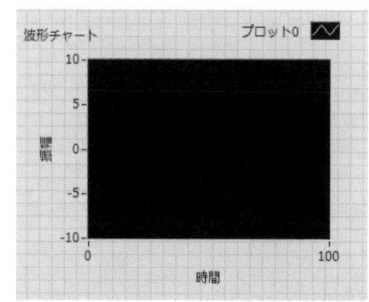

図**1-14-3**
外枠がない波形チャート

# 第2章
# LabVIEWで扱う型と関連する関数

本章では，LabVIEWで扱う数値や文字列，ブールの使用方法から，変換方法について学んでいきます．

## ▶ 本章の目次 ◀

2-1　数値の表記法
2-2　数値の表示形式と範囲設定
2-3　数値の関数
2-4　文字列
2-5　文字列の関数
2-6　文字列を数値に変換
2-7　数値を文字列に変換
2-8　ブールと機械的動作
2-9　ブールと論理演算
2-10　第2章の章末問題

## 2-1 数値の表記法

**概要**

LabVIEWで使用する数値の種類と有効桁数の設定方法について学びます．

**課題**

1-10節で作成したプログラムを利用します．図2-1-1に示すように，ブロックダイアグラム上にある数値制御器の上で右クリックすると現れるメニューから「表記法」を選択すると，さまざまな数値の表記法の選択肢が現れます．図2-1-1では，数値制御器のデフォルト設定になっているDBL（倍精度）を示しています．

このDBLをはじめとした表記法の意味を調べるためには，LabVIEWのヘルプを使用します．LabVIEWのヘルプウィンドウを表示させるには，図2-1-2に示すように，メニューバーの「ヘルプ→詳

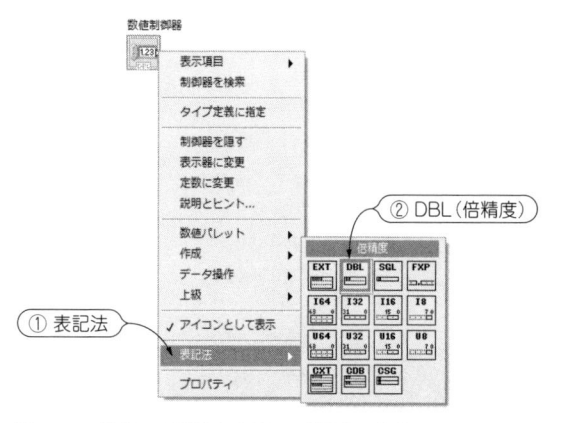

図2-1-1　数値の表記法を確認して変更する方法

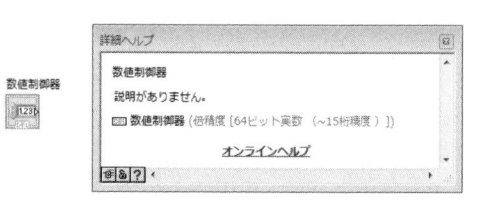

図2-1-3　ヘルプウィンドウに表示された表記法の意味

図2-1-4　表記法を複素数に設定した数値制御器

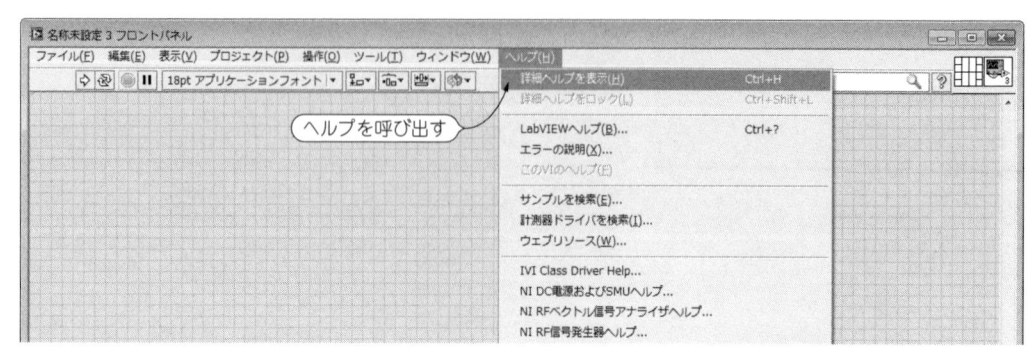

図2-1-2　ヘルプ表示の呼び出し方法

38　第2章　LabVIEWで扱う型と関連する関数

> **ポイント10　LabVIEWの複素数用の関数**
>
> ブロックダイアグラム上で右クリックすると現れる関数パレット「関数パレット→プログラミングパレット→数値パレット→複素数パレット」には，複素数用の関数が備わっており，直交座標や極座標への変換，ベクトル量を計算することができます．

細ヘルプを表示」を選択するか，キーボードのCtrlキーを押しながらアルファベットのHキーを押しても同様に表示させることができます．

　ヘルプウィンドウが表示されたら，**図2-1-3**に示すようにマウスを数値制御器の端子に重ねると，現在の数値制御器の表記法である「DBL」の意味が表示されます．DBLの意味は，64ビットの数値であり，有効数値が15桁であることがわかります．**表2-1-1**に，各表記法の有効桁数の一覧を示します．

　整数の場合は端子の色は青色であり，小数点を含む数値の端子はオレンジ色であることを覚えてください．表記法のCXTやCDB，CSGは，いずれも複素数です．LabVIEWでは，理工系の数値計算では必須となる複素数も扱うことができます．**図2-1-4**は，数値制御器を複素数表記法のCDBに設定したときの状態を表しており，実部と虚部を与えることができます．

**表2-1-1　数値の表記法一覧**

| 端子 | 数値データタイプ | おおよその範囲 |
|---|---|---|
| SGL | 単精度浮動小数点数 | 最小の正の数：$1.40e-45$<br>最大の正の数：$3.40e+38$<br>最小の負の数：$-1.40e-45$<br>最大の負の数：$-3.40e+38$ |
| DBL | 倍精度浮動小数点数 | 最小の正の数：$4.94e-324$<br>最大の正の数：$1.79e+308$<br>最小の負の数：$-4.94e-324$<br>最大の負の数：$-1.79e+308$ |
| EXT | 拡張精度浮動小数点数 | 最小の正の数：$4.94e-4966$<br>最大の正の数：$1.79e+308$<br>最小の負の数：$-4.94e-4966$<br>最大の負の数：$-1.79e+308$ |
| CSG | 複素単精度浮動小数点数 | 各部（実部と虚部）は単精度浮動小数点数と同じ |
| CDB | 複素倍精度浮動小数点数 | 各部（実部と虚部）は倍精度浮動小数点数と同じ |
| CXT | 複素倍精度浮動小数点数 | 各部（実部と虚部）は拡張精度浮動小数点数と同じ |
| FXP | 固定小数点数 | ユーザ構成による変化 |
| I8 | 符号付きバイト整数 | $-128 \sim 127$ |
| I16 | 符号付きワード整数 | $-32,768 \sim 32,767$ |
| I32 | 符号付き倍長整数 | $-2,147,483,648 \sim 2,147,483,647$ |
| I64 | 符号付き4倍長整数 | $-1e19 \sim 1e19$ |
| U8 | 符号なしバイト整数 | $0 \sim 255$ |
| U8 | 符号なしワード整数 | $0 \sim 65,535$ |
| U8 | 符号なし倍長整数 | $0 \sim 4,294,967,295$ |
| U8 | 符号なし4倍長整数 | $0 \sim 2e19$ |

## 2-2 数値の表示形式と範囲設定

### 概要

LabVIEWで使用する数値の表示形式と範囲設定方法について学びます．

### 課題

引き続き2-1節のプログラムを利用します．図2-2-1に示すように，フロントパネル上にある数値制御器の上で右クリックすると現れるメニューから「表示形式」を選択すると，表示する有効桁数などを設定できる数値プロパティウィンドウが現れます．図2-2-2に示すように，小数点以下の桁数を指定することが可能ですが，コンピュータ内で計算するときの有効桁数は，表示形式ではなく表記法に依存し

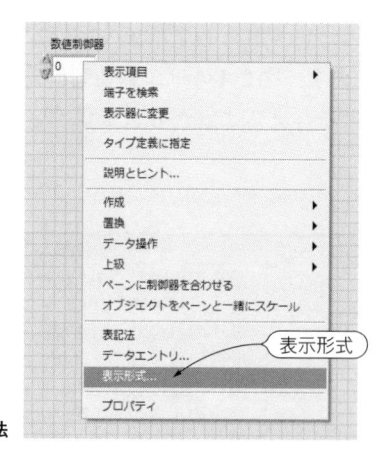

図2-2-1
数値の表示形式を呼び出す方法

図2-2-2
数値の表示形式の指定方法

40　第2章　LabVIEWで扱う型と関連する関数

## ポイント11 値の範囲の制限

データエントリ機能で値の範囲を制限すると，誤った値の入力を防ぐことができます．

ます．

　数値の制御器としては，入力できる数値の範囲をあらかじめ設定しておきたいときがあります．例えば，0〜100までの範囲の数値しか入力できないように制限したいときがあります．このように数値の範囲を指定するには，図2-2-3に示すように，フロントパネル上にある数値制御器の上で右クリックすると現れるメニューから「データエントリ」を選択してください．

　図2-2-4は，数値の範囲を0から100の範囲に指定する方法です．この方法を使用すると，100よりも大きな値を入力しても，強制的に値が100になります．

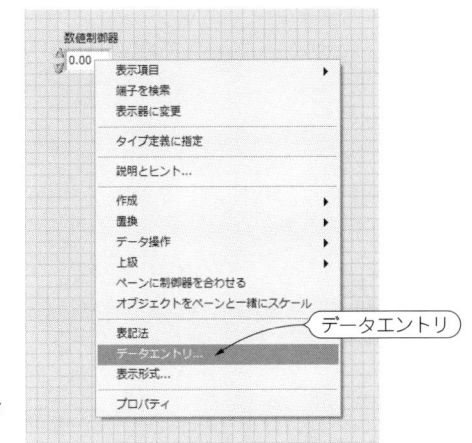

図2-2-3
数値の範囲を指定するデータエントリを呼び出す方法

図2-2-4
数値の範囲を指定する方法

2-2　数値の表示形式と範囲設定　　41

## 2-3 数値の関数

**概 要**

LabVIEWの主な関数を使用して，数値を計算する方法を学びます．

**課 題**

引き続き2-1節のプログラムを利用します．このプログラムは和の計算をしましたが，これを積の計算に修正する方法を説明します．

図2-3-1に示すように，ブロックダイアグラム上にある和関数の上にマウスを重ねて右クリックすると現れるメニューから「置換」を選択すると，「置換→数値パレット→積」が選べます．これで和が積に入れ替わり，掛け算の計算ができるようになります．図2-3-1に示すように和と積の関数以外にも，差

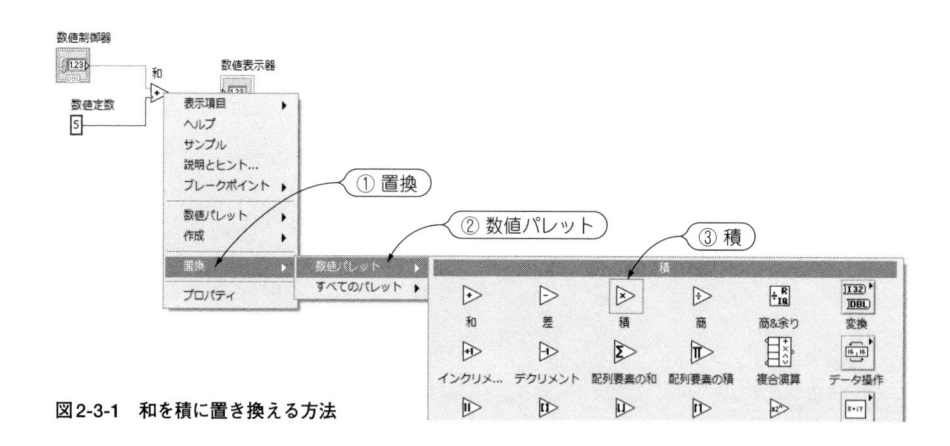

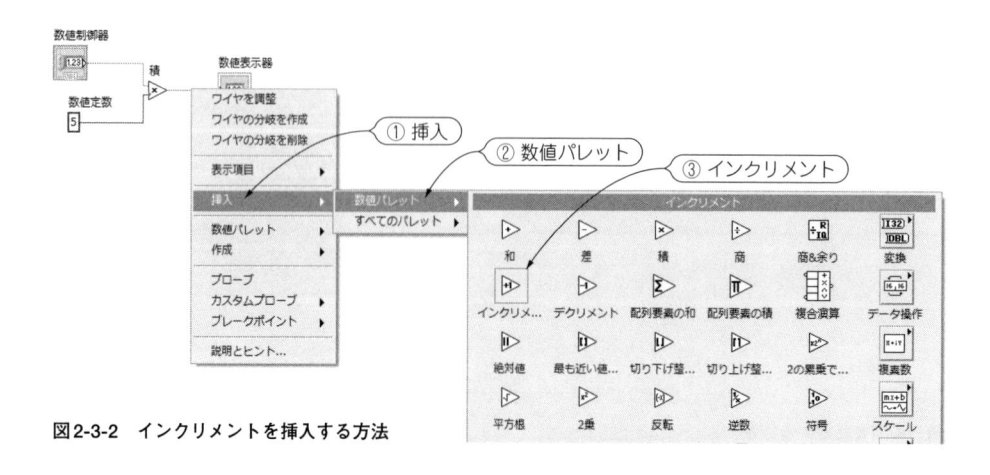

図2-3-1 和を積に置き換える方法

図2-3-2 インクリメントを挿入する方法

42 第2章 LabVIEWで扱う型と関連する関数

や商の関数もあることがわかります．

次に，LabVIEWをはじめとしたプログラミング全般でよく利用する「＋1だけ加算」する関数について説明します．

ブロックダイアグラムに「＋1だけ加算」する関数を加えるためには，図2-3-2に示すように数値表示器の左側のワイヤ上にマウスを重ねて右クリックすると現れるメニューから「挿入」を選択すると，「挿入→数値パレット→インクリメント」を選べます．これで「＋1だけ加算」が加えられたので，実行して動作を確認してみてください．

数値定数を円周率に置き換えたいときは，数値定数に3.14という数値を書き込んでもかまいませんが，あらかじめ円周率などの数値定数が用意されているのでこれを使うと，より正確に計算することができます．図2-3-3において，数値定数を円周率に変更したいときは，数値定数の上にマウスを重ねて右クリックすると現れるメニューから「置換」を選択し，「置換→Expressパレット→演算＆比較パレット→Express数値パレット→Express数学＆科学定数パレット→π」を選びます．

図2-3-3を見てみると，Express数学＆科学定数パレット内には，自然対数eやプランク定数なども用意されており，LabVIEWが研究用に開発されていることがわかります．

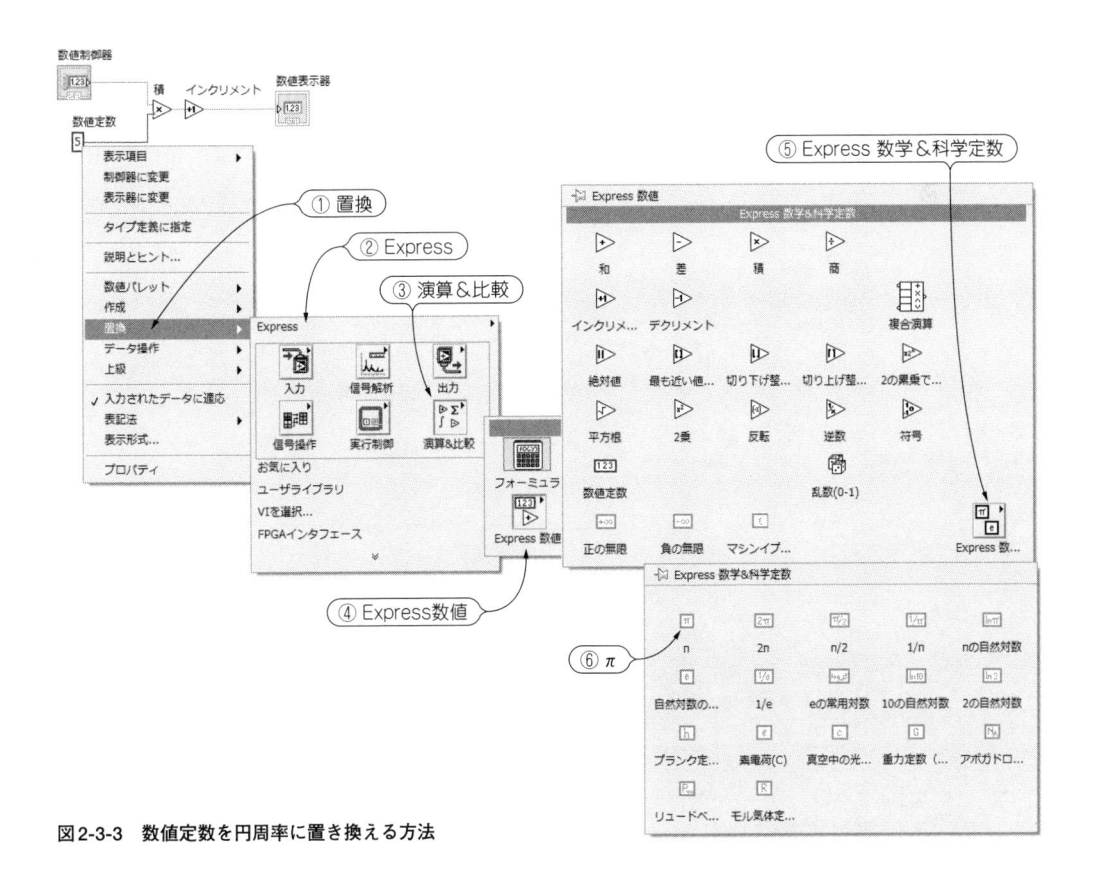

**図2-3-3　数値定数を円周率に置き換える方法**

2-3　数値の関数　43

## 2-4 文字列

### 概要

文字列制御器と文字列表示器を作成して，LabVIEWの文字列の基本的な使い方を学びます．

### 課題

図2-4-1に示すようなブロックダイアグラムとフロントパネルを作成して，文字列の基本的な使い方を学びます．新規にプログラムを作成します．新しいプログラムを作成するときは，メニューバーの「ファイル→新規VI」を使用します．または，キーボードのCtrlキーを押しながらアルファベットのNキーを押しても同様です．

文字列制御器は，図2-4-2に示すようにフロントパネル上で右クリックして現れる制御器パレットから「制御器パレット→テキスト制御器パレット→文字列制御器」にあります．

文字列表示器は，図2-4-3に示すようにフロントパネル上で右クリックして現れる制御器パレットか

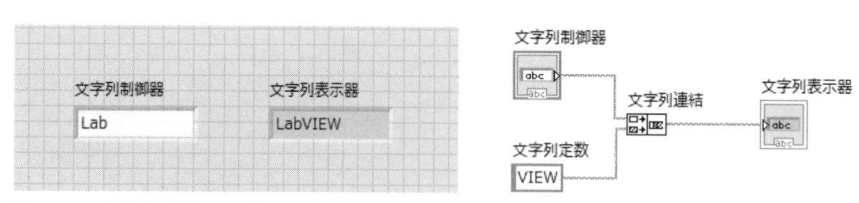

図2-4-1 文字列の基本的な使い方

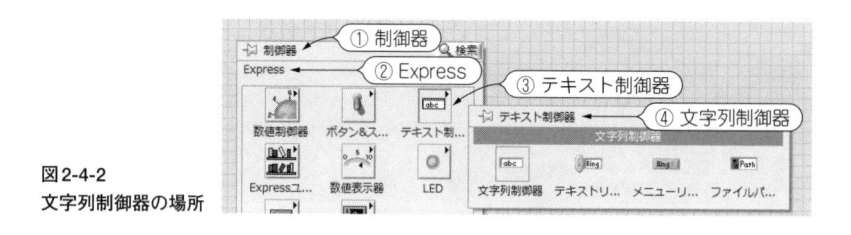

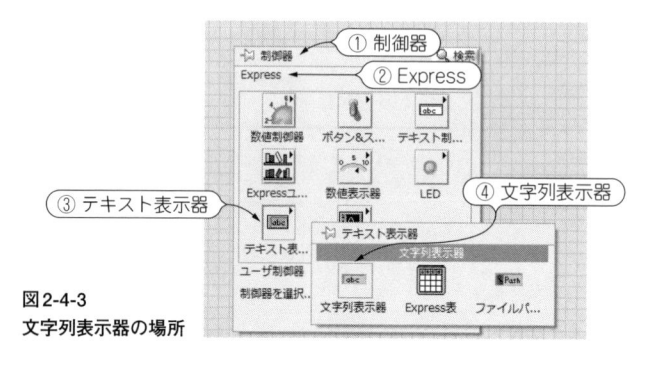

図2-4-2 文字列制御器の場所

図2-4-3 文字列表示器の場所

44　第2章　LabVIEWで扱う型と関連する関数

ら「制御器パレット→テキスト表示器パレット→文字列表示器」にあります．

**文字列連結関数**と文字列定数は，**図2-4-4**に示すようにブロックダイアグラム上で右クリックして現れる関数パレットから「関数パレット→プログラミングパレット→文字列パレット」内にあります．

完成したら，**図2-4-1**に示すようにラベリングツールを使用して文字を書き込んでから，実行ボタンを押してください．文字列制御器に書き込んだ文字と文字列定数に書き込んだ文字がつなげられて，文字列表示器に文字が表示されます．

なお，**図2-4-5**に示すようにフロントパネル上にある文字列制御器の上にマウスを重ねて右クリックすると現れるメニューから「パスワード表示」を選択すると，キーボードから打ち込んだ文字が＊＊＊（アスタリスク）表示になるので，パスワード入力画面として応用できるようになっています．もちろん，文字列表示器においてもパスワード表示に設定することができます．

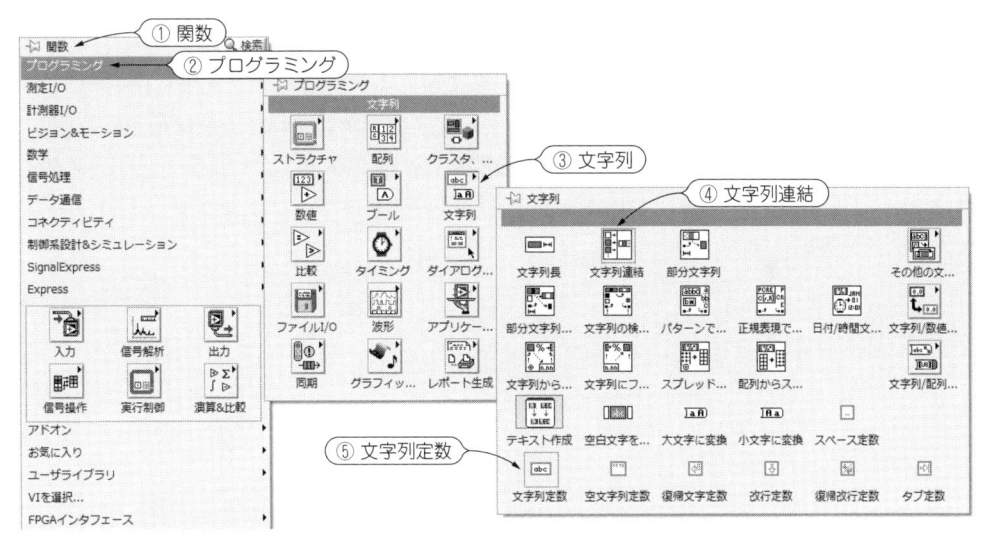

図2-4-4　文字列連結関数と文字列定数の場所

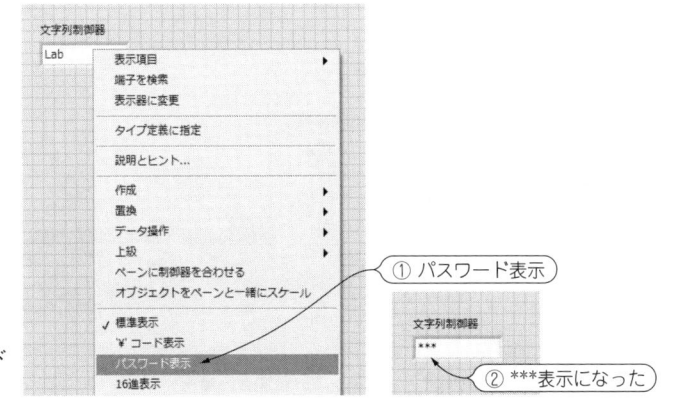

図2-4-5　文字列制御器をパスワード表示に設定する方法

2-4　文字列　　45

## 2-5 文字列の関数

### 概要

LabVIEWにおける文字列の処理方法を学びます．ここでは，利用頻度が高い**文字列長関数**と**部分文字列関数**と**パターンで一致関数**の使用方法を説明します．

### 課題

図2-5-1に示すようなブロックダイアグラムとフロントパネルを作成して，文字列の基本的な使い方を学びます．新規にプログラムを作成します．新しいプログラムを作成するときは，メニューバーの「ファイル→新規VI」を使用します．または，キーボードのCtrlキーを押しながらアルファベットのNキーを押しても同様です．

文字列制御器は，フロントパネル上で右クリックして現れる制御器パレットから「制御器パレット→テキスト制御器パレット→文字列制御器」にあります．文字列表示器の作成方法は最後に説明します．

**文字列長関数**と**部分文字列関数**と**パターンで一致関数**は，図2-5-2に示すようにブロックダイアグラム上で右クリックして現れる関数パレットから「関数パレット→プログラミングパレット→文字列パ

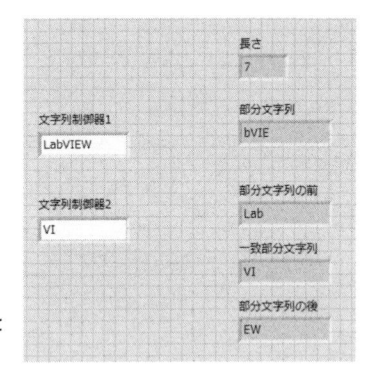

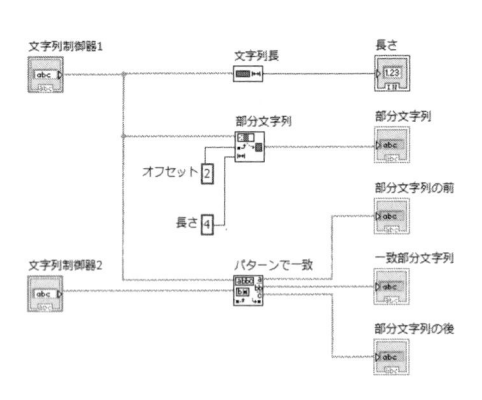

図2-5-1
文字列長関数と部分文字列関数と
パターンで一致関数の使い方

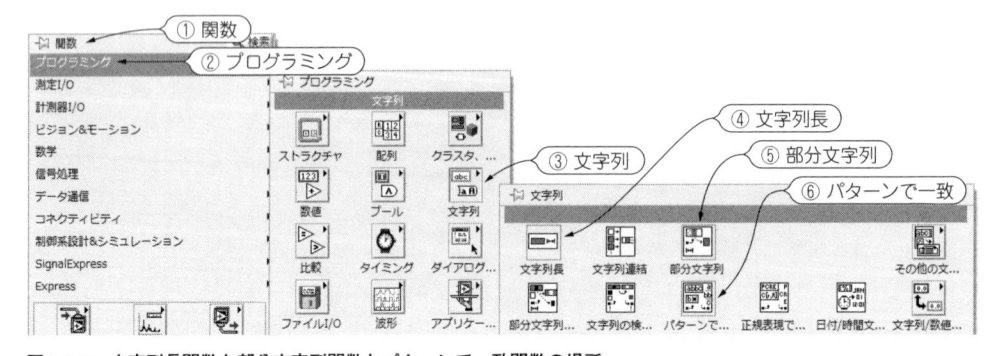

図2-5-2 文字列長関数と部分文字列関数とパターンで一致関数の場所

46　第2章　LabVIEWで扱う型と関連する関数

### ポイント12　ヘルプの呼び出し方法

関数の詳細は，Ctrl＋Hキーでヘルプを呼び出して調べられることも思い出しましょう．

---

レット」内にあります．

　**部分文字列関数**につながっているオフセットの数値定数は，**図2-5-3**に示すようにワイヤリングツールで**部分文字列関数**にマウスを重ねるとオフセットの端子の部分で点滅するので，その位置で右クリックして現れるメニューから「作成→定数」を選択して作成できます．同様に**部分文字列関数**につながっている長さの数値定数も，**部分文字列関数**の長さ端子部分で右クリックして現れるメニューから「作成→定数」を選択して作成できます．

　**文字列長関数**と**部分文字列関数**と**パターンで一致関数**の右側にある各表示器は，**図2-5-4**に示すようにワイヤリングツールで各関数の右半分側にマウスを重ね，右クリックして現れるメニューから「作成→表示器」を選択して作成できます．

　完成したら，**図2-5-1**に示すようにラベリングツールを使用して文字を書き込んでから，実行ボタンを押してください．動作原理を以下に記します．

　**文字列長関数**は，文字列制御器1に書き込んだ文字の長さを計算します．

　**部分文字列関数**は，オフセットで指定された位置から指定された長さの文字列を抜き出して，部分文字列の表示器に表示します．

　**パターンで一致関数**は，文字列制御器1の中に文字列制御器2の文字列が含まれていないかどうかのパターンマッチングを行い，一致した文字列とその前後の文字に分割して，三つの文字列表示器に結果を出力する動作をします．

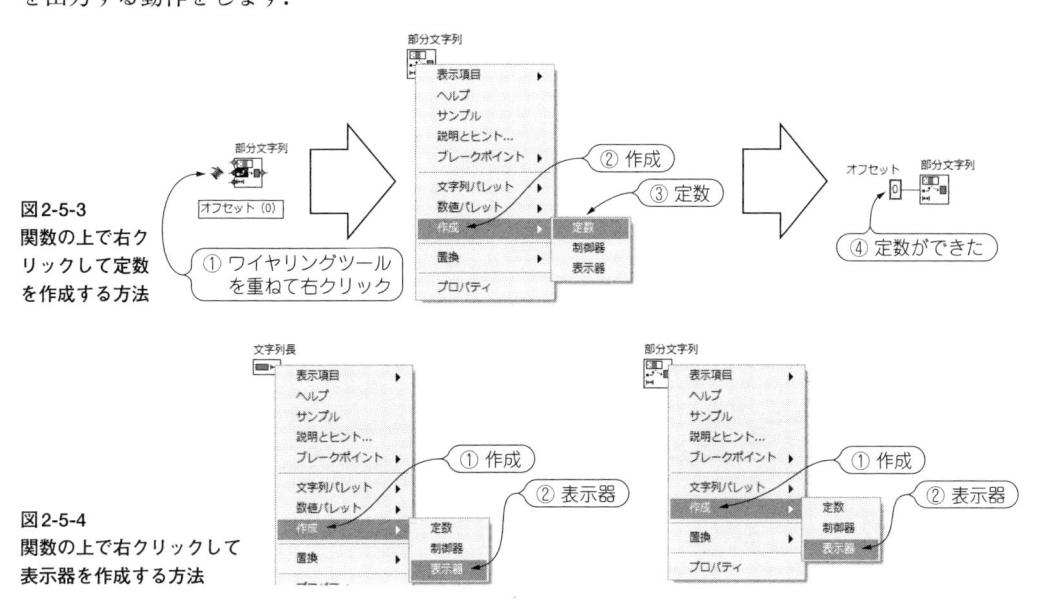

図2-5-3
関数の上で右クリックして定数を作成する方法

図2-5-4
関数の上で右クリックして表示器を作成する方法

2-5　文字列の関数

## 2-6 文字列を数値に変換

**概要**

文字列で表現された数は，そのままでは四則演算をすることができません．ここでは，文字列に含まれる数を数値に変換する方法を学びます．

**課題**

図2-6-1に示すようなブロックダイアグラムとフロントパネルを作成して，文字列を数値に変換する方法を学びます．わかりやすいように，一部の文字のフォントを大きくしています．新規にプログラムを作成します．新しいプログラムを作成するときは，メニューバーの「ファイル→新規VI」を使用します．または，キーボードのCtrlキーを押しながらアルファベットのNキーを押しても同様です．

文字列制御器は，フロントパネル上で右クリックして現れる制御器パレットから「制御器パレット→テキスト制御器パレット→文字列制御器」にあります．

**文字列からスキャン**関数は，ブロックダイアグラム上で右クリックして現れる関数パレットから「関数パレット→プログラミングパレット→文字列パレット→文字列からスキャン」にあります．

**文字列からスキャン**関数につながっている初期オフセット位置の数値定数は，図2-6-2に示すようにワイヤリングツールで**文字列からスキャン**関数にマウスを重ねて，右クリックして現れるメニューから

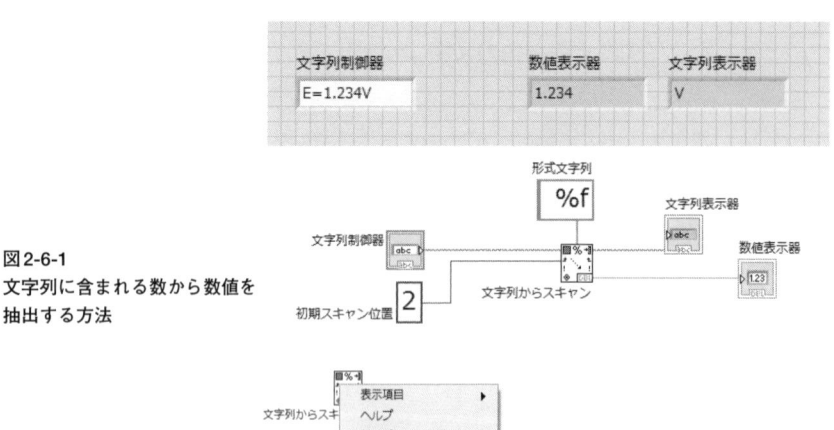

図2-6-1
文字列に含まれる数から数値を抽出する方法

図2-6-2　関数の上で右クリックして定数を作成する方法

> **ポイント13　関数の端子上で右クリックすれば，定数や表示器を作成できる**
>
> 文字列から数値を取り出すには，**文字列からスキャン関数**を使用する．
> 形式文字列が「%f」ならば小数点を含む数値に変換される．

「作成→定数」を選択して作成できます．

　**文字列からスキャン関数**につながっている形式文字列の文字列定数は，**図2-6-3**に示すようにワイヤリングツールで**文字列からスキャン関数**の上部にマウスを重ねて，右クリックして現れるメニューから「作成→定数」を選択して作成できます．ここで形式文字列の文字列定数として与えられている「%f」の文字は，小数点を含む数値として抽出するという意味を持っています．形式文字列を「%d」にすると，数値は整数になり，小数部分は無視されます．

　文字列表示器と数値表示器は，これまでの定数作成の場合と同じようにワイヤリングツールで各関数の右半分側にマウスを重ね，右クリックして現れるメニューから「作成→定数」を選択して作成できます．

　完成したら，**図2-6-1**に示すようにラベリングツールを使用して文字を書き込んでから，実行ボタンを押してください．

　**文字列からスキャン関数**は初期スキャン位置で指定された場所から文字列を数値に変換し，数値表示器に出力します．初期スキャン位置は「2」に指定されていますが，**図2-6-4**に示すようにLabVIEWの中では最初の1文字目と2文字目の間をオフセット1の位置，2文字目と3文字目の間をオフセット2の位置と解釈するため，初期スキャン位置が「2」ならば「E = 1.234V」の文字列の3文字目の「1」からスキャンを開始します．このオフセットの位置の解釈を間違えると，正しい数値を得られなくなるので，注意が必要です．

　文字列表示器には，文字列「E = 1.234V」の中の数値の後につづく文字「V」が表示されます．

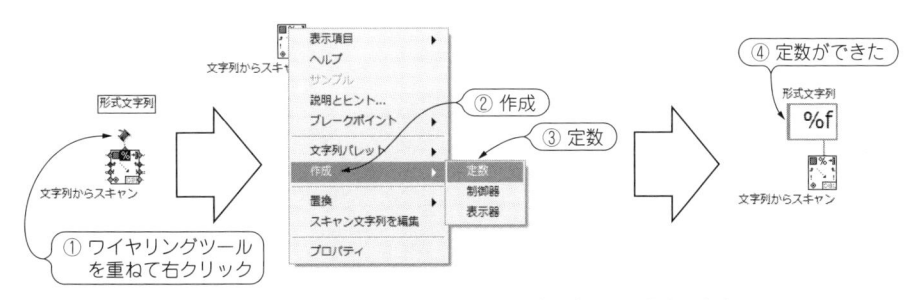

図2-6-3　文字列からスキャン関数の上部で右クリックして形式文字列を作成する方法

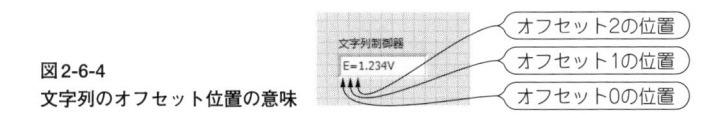

図2-6-4　文字列のオフセット位置の意味

2-6　文字列を数値に変換

## 2-7 数値を文字列に変換

### 概要
LabVIEWで使用する数値を文字列に変換する方法を学びます．

### 課題
図2-7-1に示すようなブロックダイアグラムとフロントパネルを作成して，数値を文字列に変換する方法を学びます．わかりやすいように，一部の文字のフォントを大きくしています．新規にプログラムを作成します．新しいプログラムを作成するときは，メニューバーの「ファイル→新規VI」を使用します．または，キーボードのCtrlキーを押しながらアルファベットのNキーを押しても同様です．

フロントパネル上の数値制御器は，図2-7-2に示すようにフロントパネル上で右クリックして現れる制御器パレットから「制御器パレット→Expressパレット→数値制御器パレット→数値制御器」にあり

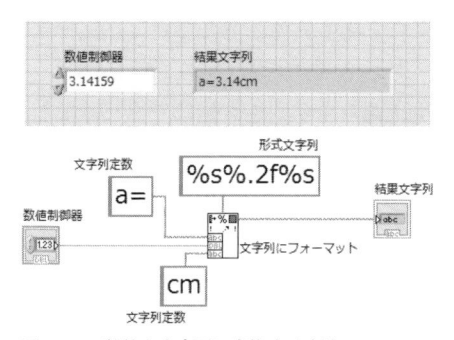

図2-7-1 数値を文字列に変換する方法

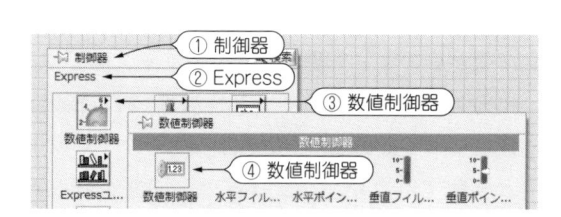

図2-7-2 数値制御器の場所

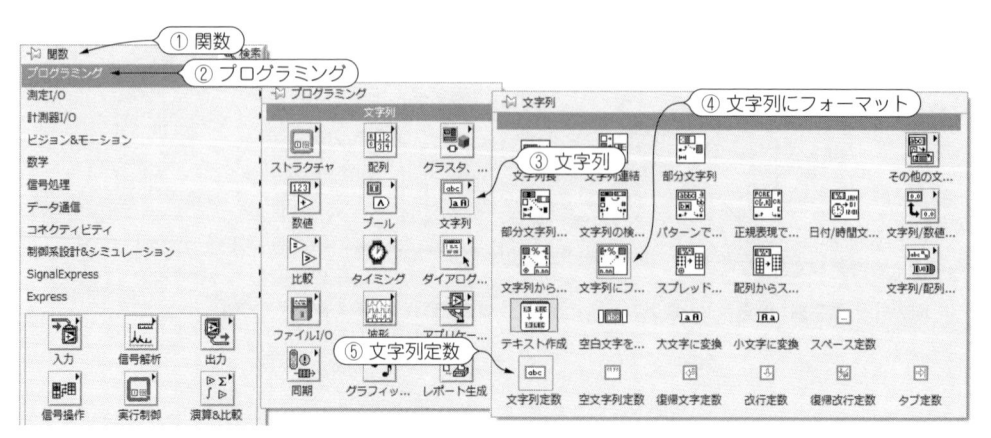

図2-7-3 文字列定数と文字列にフォーマット関数の場所

50　　第2章　LabVIEWで扱う型と関連する関数

> **ポイント14　数値を文字列に変換する場合は，文字列にフォーマット関数を使用する**
>
> **文字列にフォーマット関数**は入力端子数が可変である．
> 形式文字列が「%.2f」ならば小数点下の桁数が2桁になる．
> 形式文字列が「%d」ならば整数に変換される．

ます．

　ブロックダイアグラム上の**文字列定数**と**文字列にフォーマット関数**は，**図2-7-3**に示すようにブロックダイアグラム上で右クリックして現れる関数パレットから「関数パレット→プログラミングパレット→文字列パレット」内にあります．**文字列にフォーマット関数**は矢印ツールで**図2-7-4**に示すように縦長に引き伸ばして入力端子数を増やしてください．

　形式文字列の文字列定数は，ワイヤリングツールで**文字列からスキャン関数**の上部にマウスを重ねて，右クリックして現れるメニューから「作成→定数」を選択して作成できます．ここで形式文字列の文字列定数として与えられている「%s%.2f%s」の文字は，「%s」と「%.2f」と「%s」に分けて考えます．「%s」は文字列を使用することを意味します．「%.2f」は小数点下の桁数を2桁に指定するという意味です．

　結果文字列の文字列表示器は，これまでの定数作成の場合と同じようにワイヤリングツールで各関数の右半分側にマウスを重ね，右クリックして現れるメニューから「作成→定数」を選択して作成できます．

　完成したら，**図2-7-1**に示すようにラベリングツールを使用して文字を書き込んでから実行ボタンを押してください．

　**文字列にフォーマット関数**は，入力端子の上から順番に「a =」「3.14159」「cm」が入力されます．形式文字列の「%s%.2f%s」に従って，

> 「a＝」は文字列，
> 「3.14159」は小数点下の桁数2の数値に変換されて「3.14」，
> 「cm」は文字列，

として連結されて，結果文字列として「a = 3.14cm」が表示されます．

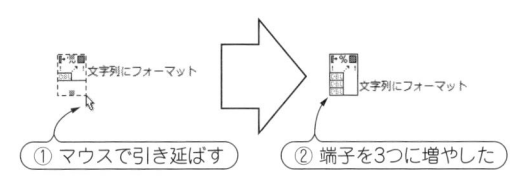

図2-7-4　文字列にフォーマット関数の入力端子数を増やす方法

2-7　数値を文字列に変換

## 2-8 ブールと機械的動作

### 概要

LabVIEWで使用するブールとはブール代数のことで，TRUE（真）かFALSE（偽）のどちらかの値しかとらないものであり，何かの動作に対してYesかNoかの判断をするときに使用します．ここでは，ブールの制御器・表示器とブール特有の機械的動作を学びます．

### 課題

図2-8-1に示すようなブロックダイアグラムとフロントパネルを作成して，ブールの取り扱いを学びます．わかりやすいようにフロントパネルのオブジェクトは矢印ツールで大きくしてあります．新規にプログラムを作成するので，メニューバーの「ファイル→新規VI」を使用して，新規VIを開いてください．

フロントパネル上のトグルスイッチとテキストボタンは，図2-8-2に示すようにフロントパネル上で右クリックして現れる制御器パレットから「制御器パレット→Expressパレット→ボタン&スイッチパレット」内にあります．

フロントパネル上の四角LEDと円LEDは，図2-8-3に示すようにフロントパネル上で右クリックして現れる制御器パレットから「制御器パレット→Expressパレット→LEDパレット」内にあります．完成したら，連続実行ボタンを押して，トグルスイッチをクリックしたり，テキストボタンをクリックし

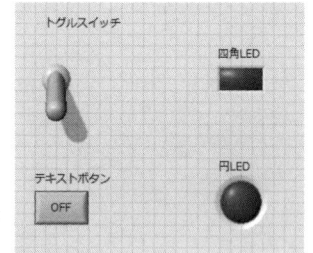

図2-8-1 ブールの制御器・表示器・定数

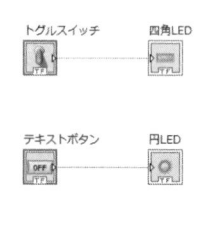

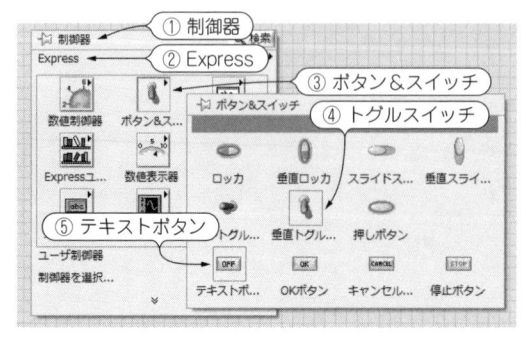

図2-8-2 トグルスイッチとテキストボタンの場所

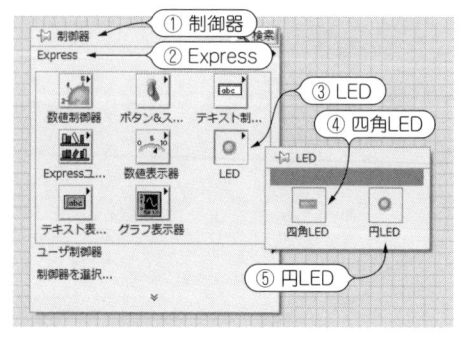

図2-8-3 四角LEDと円LEDの場所

## ポイント15　LEDの色やテキストボタンの文字を変えるには？

LEDの色は，ツールパレットのカラーパレットツールで変更できます．
テキストボタンの文字は，ラベリングツールで変更できます．

たりしてみてください．

　トグルスイッチをクリックすると，四角LEDが変化します．しかし，テキストボタンをクリックした場合は，円LEDには何も変化が現れません．実際には一瞬だけ円LEDの色は変化しています．これを説明するためには，次に述べるブール特有の機械的動作を理解する必要があります．

　図2-8-4に示すように，フロントパネル上にあるトグルスイッチの上で右クリックすると現れるメニューから機械的動作を選ぶと，「押されたらスイッチ」の設定になっていることがわかります．これはトグルスイッチを押すたびに，TRUEとFALSEの状態を切り替える動作，言い換えるならばONとOFF状態を切り替える動作を表しています．したがって，プログラムを実行しているときに，トグルスイッチをクリックすると四角LEDは色を交互に変化させます．

　一方で，図2-8-5に示すようにフロントパネル上にあるテキストボタンの上で右クリックすると現れるメニューから機械的動作を選ぶと，「押されたらラッチ」の設定になっていることがわかります．これはテキストボタンを押した瞬間だけブールの状態が変化することを表しています．そのために円LEDは瞬間的に色が変化している状態にあり，コンピュータ内部ではテキストボタンが押されたという情報が流れますが，元に戻るのが速すぎて目では見ることができません．

　この機械的動作は，前述のように右クリックでメニューを呼び出せば，変更することができるので，テキストボタンの機械的動作を「押されたらスイッチ」変更してみてください．トグルスイッチの動作と同様に，クリックするたびに円LEDの色が交互に変化する動作になります．

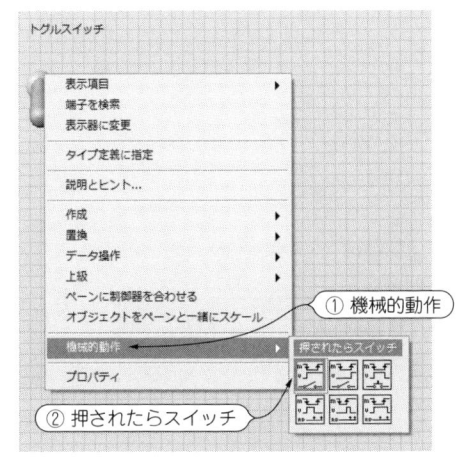

図2-8-4　トグルスイッチの機械的動作

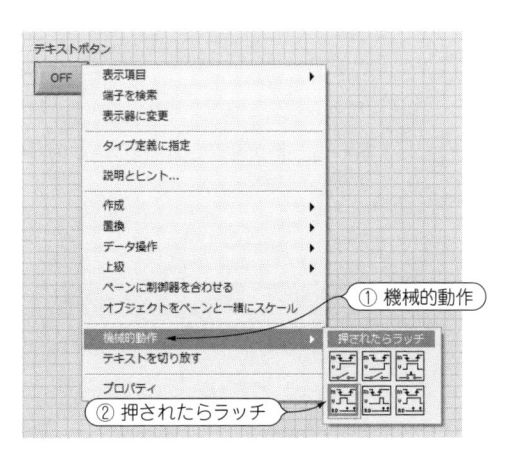

図2-8-5　テキストボタンの機械的動作

2-8　ブールと機械的動作

## 2-9 ブールと論理演算

### 概要

ブールはTRUE（真）かFALSE（偽）のどちらかの値しかとらない単純な値ですが，これをプログラム内で使うためには論理演算の知識が必須です．ここではブールと論理演算について学びます．

### 課題

図2-9-1は，ブロックダイアグラム上で右クリックして現れる関数パレットの「関数パレット→Expressパレット→演算&比較パレット→Expressブールパレット」を示しており，LabVIEWで使用できる論理演算は8種類あります．LabVIEWで使用する論理演算は，基本的に**And関数**，**Or関数**，**Not関数**，**Not Or関数**の4種類です．これらについてまとめた論理演算の結果を図2-9-2に示します．**And関数**はすべての入力がTRUEならば出力がTRUEになります．**Or関数**は入力のいずれかがTRUEであれば出力がTRUEになります．**Not関数**は入力がTRUEであればFALSEを出力し，入力がFALSEであればTRUEを出力します．**Not Or関数**はOrの出力にNotを加えた動作であり，入力のいずれかがTRUEであれば出力がFALSEになります．

図2-9-3に示すようなブロックダイアグラムとフロントパネルを作成して，論理演算の取り扱いを学びます．新規にプログラムを作成するので，メニューバーの「ファイル→新規VI」を使用して，新規VI

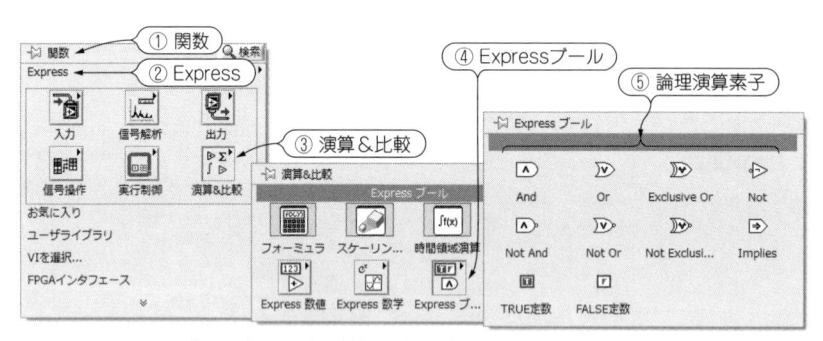

図2-9-1　Expressブールパレットと8種類の論理演算

| 入力A | 入力B | Andの出力 | Orの出力 | Not Orの出力 |
|---|---|---|---|---|
| FALSE | FALSE | FALSE | FALSE | TRUE |
| TRUE | FALSE | FALSE | TRUE | FALSE |
| FALSE | TRUE | FALSE | TRUE | FALSE |
| TRUE | TRUE | TRUE | TRUE | FALSE |

| 入力C | Notの出力 |
|---|---|
| FALSE | TRUE |
| TRUE | FALSE |

図2-9-2　And関数・Or関数・Not関数・Not Or関数の論理演算の特性

## ポイント16　ブールを普通の四則演算関数で計算するには？

ブールはTRUE（真）かFALSE（偽）のどちらかの値をとるため，このままでは四則演算できません．**ブールから(0, 1)に変換関数**を使用して，TRUEを数字の1，FALSEを数字の0へ変換すれば，四則演算ができます．**ブールから(0, 1)に変換関数**は，**図2-9-5**に示すように「関数パレット→プログラミングパレット→ブールパレット→ブールから(0, 1)に変換」にあります．

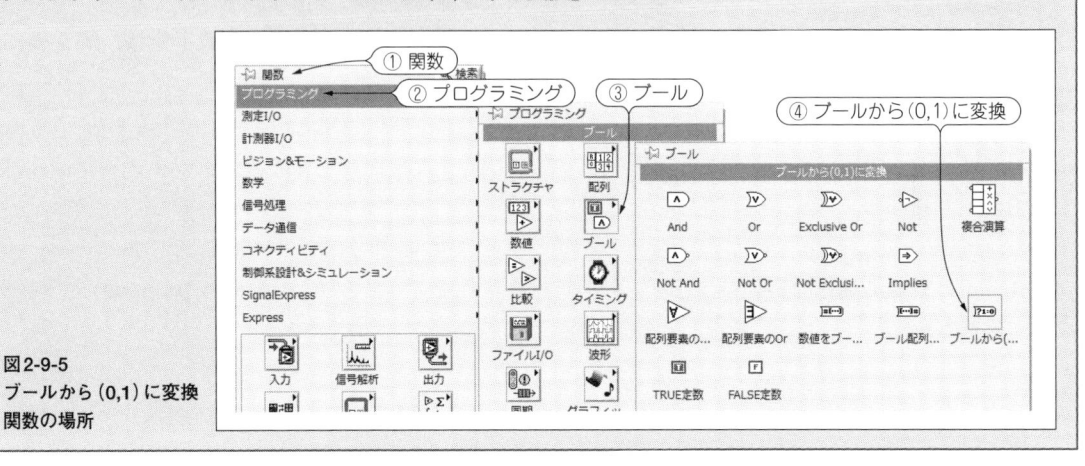

図2-9-5
ブールから(0,1)に変換
関数の場所

を開いてください．

ブロックダイアグラム上のFALSE定数とTRUE定数とAnd関数とOr関数は，図2-9-1に示すようにブロックダイアグラム上で右クリックして現れる関数パレットから「関数パレット→Expressパレット→演算&比較パレット→Expressブールパレット」内にあります．

**And関数**および**Or関数**につながっている表示器は，図2-9-4に示すように各関数の右半分側にマウスを重ね，右クリックして現れるメニューから「作成→表示器」を選択して作成できます．

完成したら，実行ボタンを押してみてください．左ページの論理演算の特性と同じように振る舞うことを確認してください．なお，ブロックダイアグラム中のTRUE定数は，指ツールでクリックするとFALSE定数に変更できます．同様に，FALSE定数はTRUE定数に変更できます．

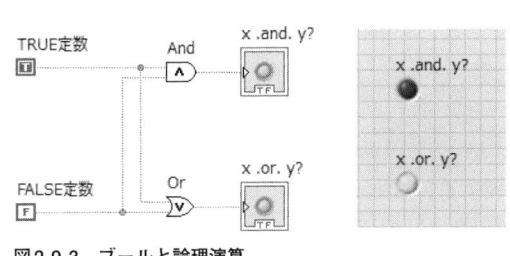

図2-9-3　ブールと論理演算

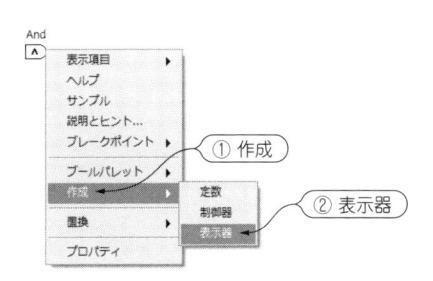

図2-9-4　関数の上で右クリックして表示器を作成

2-9　ブールと論理演算

## 2-10　第2章の章末問題

（1）数値データタイプがDBLで表示されている数値制御器で使用できる最大値と最小値は，いくつになりますか？

（2）数値データタイプがI32で表示されている数値制御器で使用できる最大値と最小値は，いくつになりますか？

（3）円周率$\pi$は，関数パレットのどの場所にありますか．また，円周率$\pi$の数値データタイプは，何ですか？

（4）ブールの機械的動作で「押されたらスイッチ」「放されたらスイッチ」の動作の違いについて説明してください．

（5）形式文字列が「%s%.5f%d」であるとき，これはどんな形に変換することを意味していますか？

# 第3章
# LabVIEWの配列とクラスタ

　本章では，LabVIEWの配列とLabVIEW特有のデータ形式のクラスタについて学んでいきます．

### ▶ 本章の目次 ◀

3-1　数値配列と配列指標
3-2　数値配列と四則演算
3-3　配列の多次元化
3-4　配列の連結
3-5　一次元配列から要素を抽出
3-6　二次元配列から一次元配列と要素を抽出
3-7　配列操作の関数
3-8　数値配列と文字列形式への変換
3-9　クラスタ
3-10　第3章の章末問題

## 3-1 数値配列と配列指標

### 概要

ここまでは，一つの数値のみを取り扱うものを学んできました．複数の数値を一度で取り扱うときは配列を使用します．配列はグラフ作成時の表データのようなものだと思ってください．ここでは数値の配列作成方法と配列の取り扱い方法について学びます．

### 課題

図3-1-1に示すようなフロントパネルを作成して，数値配列の取り扱いを学びます．新規にプログラムを作成するので，メニューバーの「ファイル→新規VI」を使用して，新規VIを開いてください．

フロントパネル上にある数値制御器の配列を作成するためには，数値制御器を入れるための配列の枠が必要です．配列の枠は，図3-1-2に示すようにフロントパネル上で右クリックして現れる制御器パレットから「制御器パレット→モダンパレット→配列，行列&クラスタパレット→配列」にあります．

図3-1-3に示すように配列の枠をフロントパネル上に置いたら，その中に数値制御器を入れます．数値制御器は，フロントパネル上で右クリックして現れる制御器パレットから「制御器パレット→Expressパレット→数値制御器パレット→数値制御器」にあります．

数値配列は，図3-1-4に示すように矢印ツールで横長または縦長に引き伸ばすことができます．数値制御器が一列に並んでおり，数値データをたくさん入力できることがわかります．配列の中のデータには自動的に配列指標と呼ばれる番号が割り当てられており，配列指標の番号は図3-1-4に示すように左または上から順番に0，1，2，3……になっています．また，配列中の各データのことを要素と呼びます．

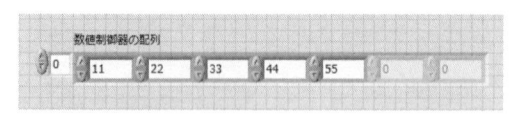

図3-1-1 数値制御器の配列

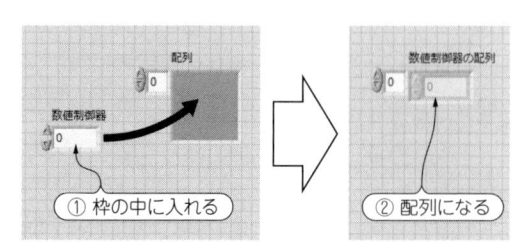

図3-1-2 配列の場所

図3-1-3 数値制御器を配列にする方法

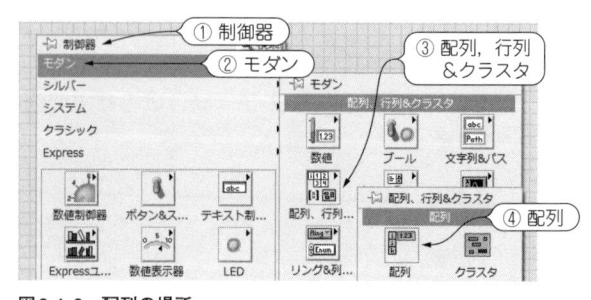

### ポイント17　配列には何個分の要素を格納することができるの？

格納できる要素の個数は$2^{31}-1=2147483647$個です．しかし，普通のパソコンではメモリ容量不足になって，ここまで使い切ることは不可能です．

　図3-1-5で見られるように，配列の左端に0と書いてある小さな枠があります．これは指標表示と呼ばれるもので，配列の中の見たい要素を指定するときに使用します．次に指標表示の使用方法を説明します．まず，図3-1-5に示すように数値配列を矢印ツールで横長に引き伸ばしてください．そして，ラベリングツールで数値制御器に数値を入力後，配列指標の数値を1ずつ増やしていくと，数値制御器の配列の要素が移動します．図3-1-5に示すように指標表示に数値2を入力すると，配列の一番左側に配列指標2の要素が見えるようになります．この方法を利用すれば，例え1000個以上の要素を含む配列があったとしても，指標表示を1000と指定すれば，配列指標1000番目の要素を見ることができます．

　このプログラムは，引き続き次の3-2節で使用するので，ファイル名をつけて保存してください．

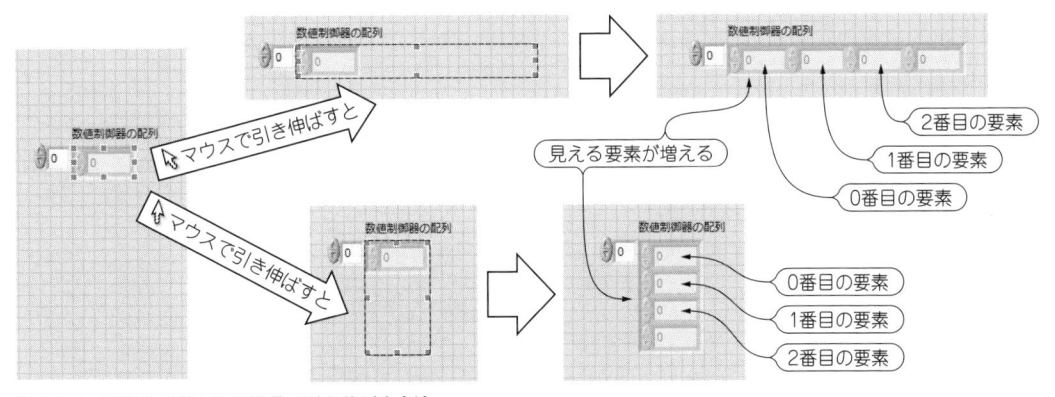

図3-1-4　配列を縦長または横長に引き伸ばす方法

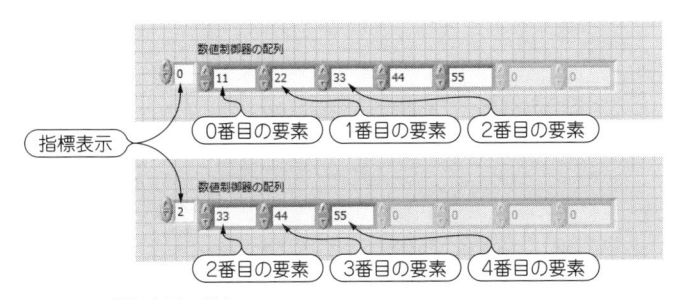

図3-1-5　指標表示の働き

3-1　数値配列と配列指標

## 3-2 数値配列と四則演算

**概要**

数値配列の四則演算のプログラムを作成し，LabVIEWの数値配列特有の性質を学びます．

**課題**

図3-2-1に示すようなフロントパネルを作成して，数値配列の四則演算方法を学びます．3-1節で作成したプログラムを利用して，以下に述べる修正を加えてください．

フロントパネル上の数値制御器の配列は，キーボードのCtrlキーを押しながらマウスを操作することでコピーできます（詳細は図1-12-5を参照）．

フロントパネル上の数値制御器は，フロントパネル上で右クリックして現れる制御器パレットから「制御器パレット→Expressパレット→数値制御器パレット→数値制御器」にあります．

図3-2-1に示すブロックダイアグラム上の四則演算関数（和関数，差関数，積関数）は，ブロックダイアグラム上で右クリックして現れる関数パレットから「関数パレット→Expressパレット→演算＆比較パレット→Express数値パレット」内にあります（詳細は図1-5-3を参照）．

フロントパネル上の数値表示器の配列は，これまで学んできたように，四則演算関数の右半分側にマ

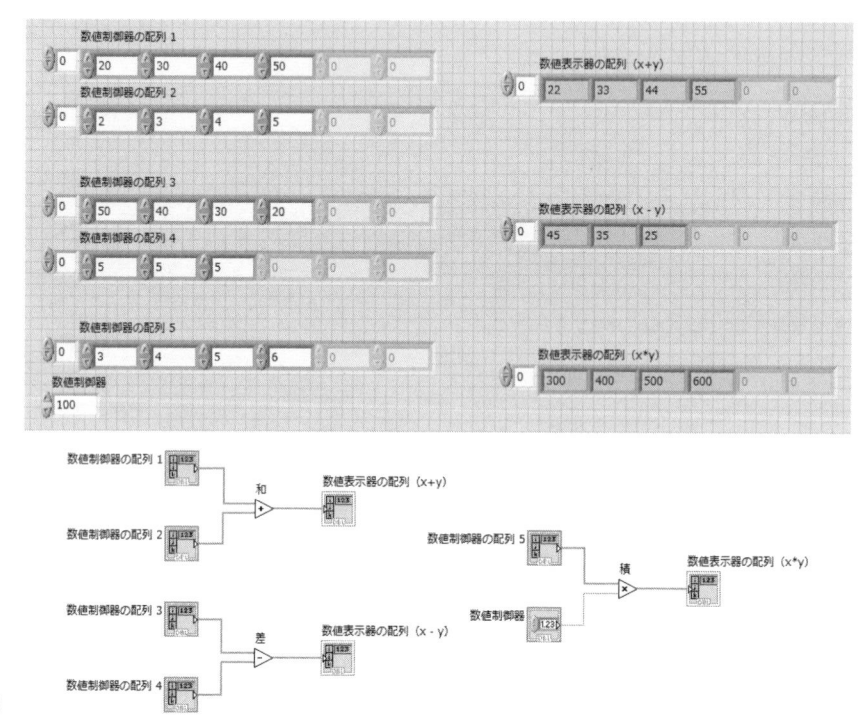

図3-2-1
数値配列の
四則演算方法

> **ポイント18　多態性（ポリモーフィズム）とは？**
>
> 四則演算に限らずExpress数値パレット内にある大部分の関数は，入力した値の形式に依存して自動的に適応する機能を持っています．この性質を多態性（ポリモーフィズム）とよびます．

ウスを重ね，右クリックして現れるメニューから「作成→表示器」を選択して作成できます．

プログラムが完成したら，図3-2-1に示すように各数値制御器に数値の要素を入れて実行してみましょう．すると，図3-2-2から図3-2-4の説明に見られるような結果を得ます．

ブロックダイアグラムの和の計算では，図3-2-2に示すように数値制御器の配列に含まれる要素ごとに計算されていることがわかります．LabVIEWの数値配列の計算では，このように一つの関数で各要素を自動的に計算してくれるという特徴があります．

ブロックダイアグラムの差の計算では，計算する数値配列に含まれる要素数が違います．要素数が異なる場合は，図3-2-3に示すように要素数が少ないほうを基準として計算される特徴があります．

ブロックダイアグラムの積の計算では，図3-2-4に示すように数値配列に含まれるすべての要素に対して同じ演算が実行されるという特徴が現れています．この特徴を利用すれば，配列内の個々のデータを一括して計算できるので，例えばkgをgに換算することに応用できます．

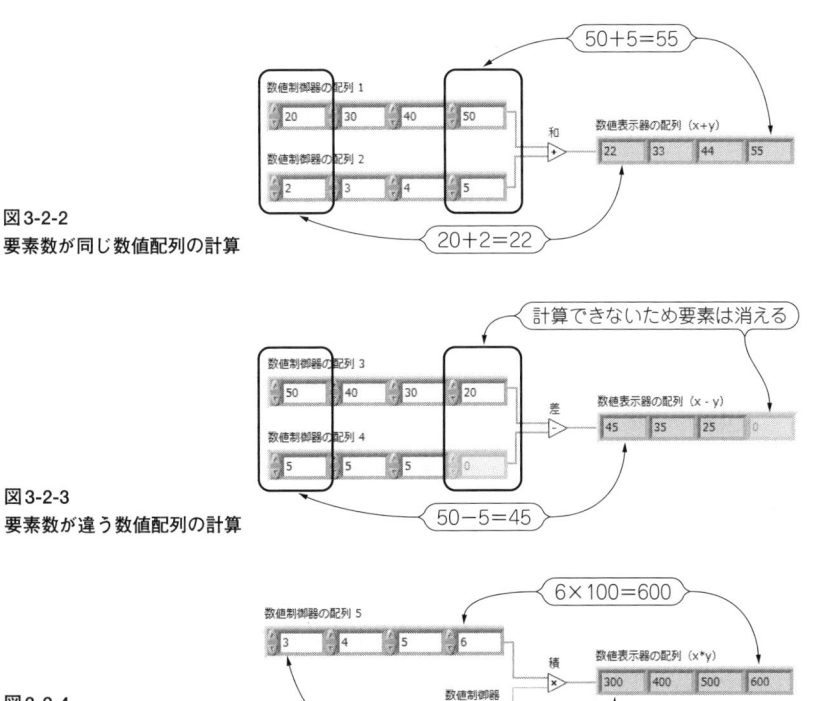

**図3-2-2**
**要素数が同じ数値配列の計算**

**図3-2-3**
**要素数が違う数値配列の計算**

**図3-2-4**
**数値配列と数値の組み合わせで計算**

# 3-3 配列の多次元化

**概要**

これまでは一次元配列について説明してきました．ここでは次元数を増やして，表計算データのような二次元配列にする方法を学びます．

**課題**

一次元配列を二次元配列に変更する場合は，図3-3-1に示すように一次元配列を作成したあとに，配列指標上で右クリックして現れるメニューから「次元を追加」を選択すれば二次元にすることができます．配列の見かけ上の大きさは，矢印ツールで整えます．

LabVIEWでは，配列化されていない数値のことを明示的にスカラと呼びます．図3-3-2は，スカラである普通の数値をブロックダイアグラム内で一次元配列化させ，さらに二次元配列化させる方法を示しています．

図3-3-2に示すプログラムを作成してみてください．ここで使用されている**配列連結追加関数**は，図3-3-3に示すようにブロックダイアグラム上で右クリックして現れる関数パレットから「関数パレット

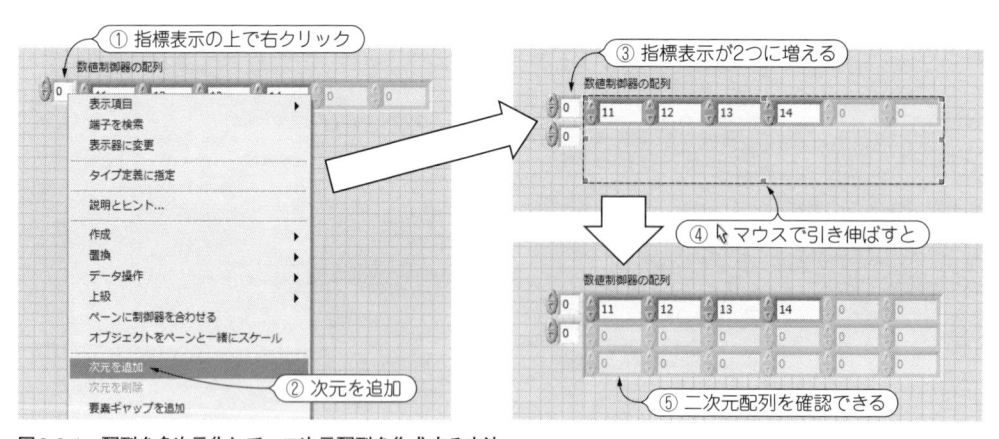

**図3-3-1** 配列を多次元化して，二次元配列を作成する方法

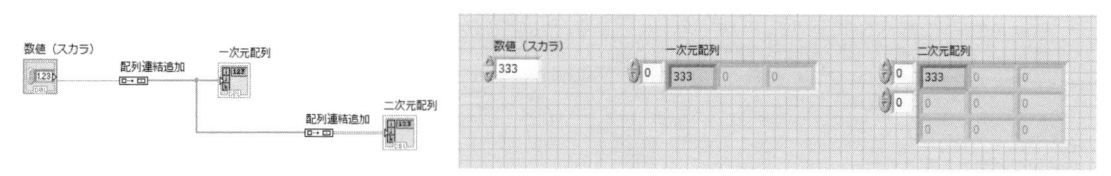

**図3-3-2** 配列連結追加関数による配列化と多次元化

62　第3章　LabVIEWの配列とクラスタ

## ポイント19 さらに多次元化できますか？

配列指標上で右クリックして次元を追加する，または，**配列連結追加関数**を使用すれば，配列の次元数を三次元，四次元と増やすことが可能です．しかし，多次元化すると，配列内のどこに必要としているデータが収まっているのかが理解しにくくなるため，実際には一次元か二次元にとどめておいたほうが良いでしょう．特にプログラムを作成した当人が理解できても，それを利用する人には三次元以上に多次元化されたデータは理解しにくいものです．

→プログラミングパレット→配列パレット→配列連結追加」にあります．

図3-3-2に示す一次元配列と二次元配列のラベルがついている数値表示器の配列は，図3-3-4に示すように**配列連結追加関数**の右半分側にマウスを重ね，右クリックして現れるメニューから「作成→表示器」を選択して作成できます．

矢印ツールで，図3-3-2に示すようにフロントパネル上の配列の形を整えたら，実行してみましょう．図3-3-2は，ブロックダイアグラムの左側にある**配列連結追加関数**によって数値が一次元の配列になり，右側にある**配列連結追加関数**によって一元の配列データが二次元の配列に変換される動作となります．

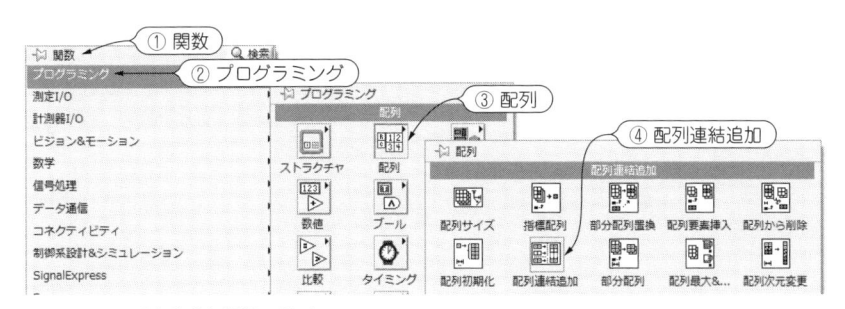

図3-3-3 配列連結追加関数の場所

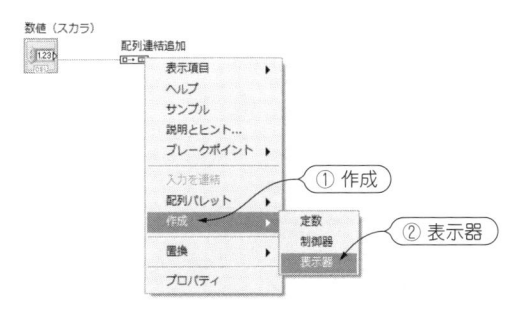

図3-3-4 配列連結追加から表示器を作成する方法

3-3 配列の多次元化

# 3-4 配列の連結

### 概要
ここでは，一次元配列同士を連結して，新しい配列を作り出す方法を学びます．

### 課題

**(1) 一次元配列同士を連結して二次元配列を作り出す方法**

図3-4-1は，配列連結追加関数を使用して，一次元配列同士を連結して二次元配列を作り出す方法です．3-2節で作成したプログラムを利用して，次の手順で図3-4-1に示すプログラムを作成してください．

ここで使用されている**配列連結追加関数**は，ブロックダイアグラム上で右クリックして現れる関数パ

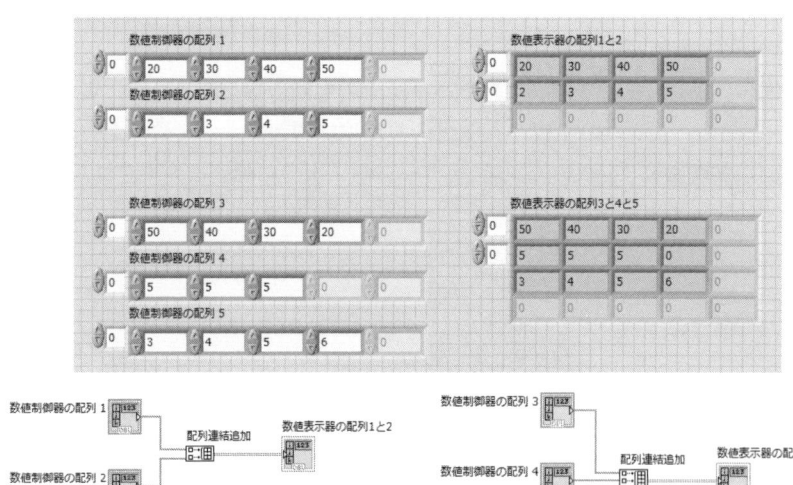

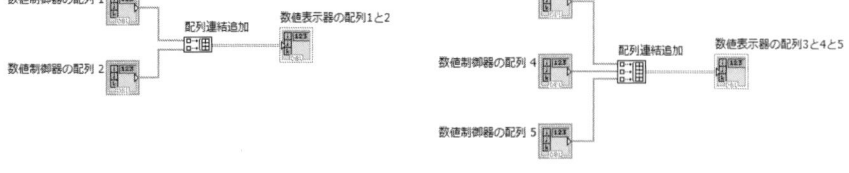

図3-4-1 一次元配列同士を連結して二次元配列を作り出す方法

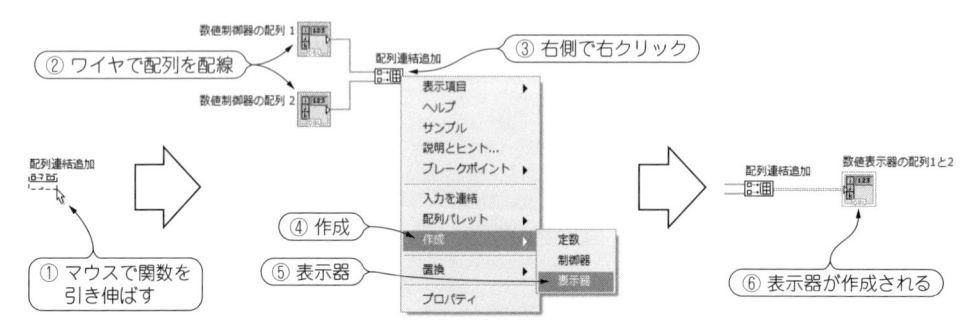

図3-4-2 配列連結追加から二次元配列の表示器を作成する方法

レットから「関数パレット→プログラミングパレット→配列パレット→配列連結追加」にあります．

　**配列連結追加関数**の右側にある二次元配列は，**図3-4-2**に示すように**配列連結追加関数**の右半分側にマウスを重ね，右クリックして現れるメニューから「作成→表示器」を選択して作成できます．

　完成したら，適当な数値を入力して，実行してみてください．このプログラムでは，**配列連結追加関数**を使用して一次元の配列を組み合わせて二次元配列化させるようすがわかります．なお，**図3-4-1**に示すように，一次元配列が二次元配列になるときは，一次元配列内のデータが横並びになるように，行方向を優先にして組み合わせることができるという点をしっかりと覚えておいてください．

## (2) 一次元配列同士を連結して一次元配列を作り出す方法

　次に示す**図3-4-3**は，**配列連結追加関数**を使用して，一次元配列同士を連結して一次元配列を作り出す方法を示しています．**図3-4-2**と似ていますが，よくみると**配列連結追加関数**のデザインが少々異なります．これを作成するためには，**図3-4-4**に示すように先に作成したプログラムの二次元配列の表示器を削除し，**配列連結追加関数**の右半分側にマウスを重ね，右クリックして現れるメニューから「入力を連結」を選択してください．次に，**図3-4-5**に示すように**配列連結追加関数**の右半分側にマウスを重ね，右クリックして現れるメニューから「作成→表示器」を選択すると，一次元配列の表示器が作成されます．完成したら，実行してみてください．二つの一次元配列が一つの一次元配列として連結されるようすがわかります．

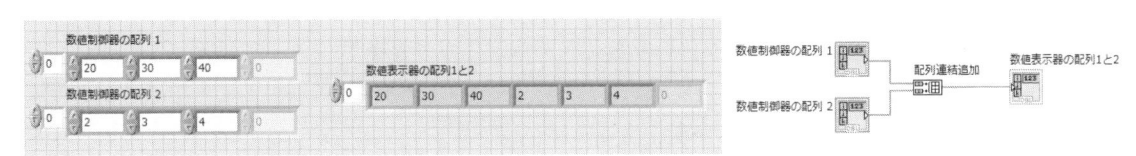

図3-4-3　一次元配列同士を連結して一次元配列を作り出す方法

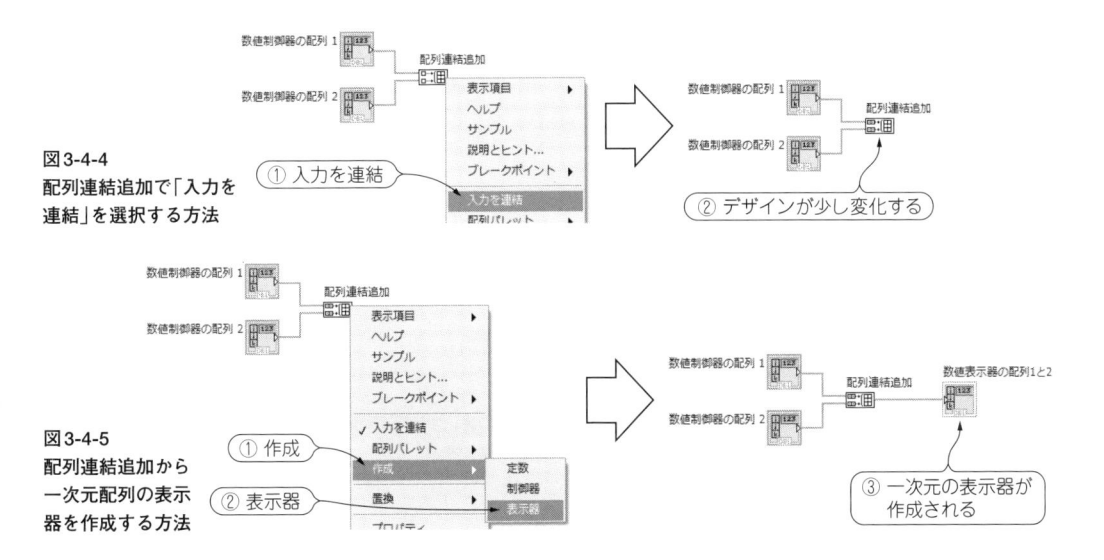

図3-4-4
配列連結追加で「入力を連結」を選択する方法

図3-4-5
配列連結追加から一次元配列の表示器を作成する方法

3-4　配列の連結　　65

## 3-5 一次元配列から要素を抽出

### 概要
これまでは数値制御器の配列に手入力で数値を入力し，それを配列として組み立てる方法を学んできました．ここからは，配列に含まれている個々の要素を取り出す方法を学びます．

### 課題

**（1）一次元配列から一つの要素を取り出す方法**

図3-5-1は，指標配列関数を使用して，一次元配列から一つの要素を取り出す方法を示しています．これまで作成したプログラムを利用して，図3-5-1に示すプログラムを作成してください．まず，最初に**指標配列関数**をブロックダイアグラム上に置いてください．**指標配列関数**は，図3-5-2に示すようにブロックダイアグラム上で右クリックして現れる関数パレットから「関数パレット→プログラミングパレット→配列パレット→指標配列」にあります．

**指標配列関数**をブロックダイアグラム上に置いたら，図3-5-3に示すように数値制御器の配列と指標配列をワイヤで配線したあとに，**指標配列関数**の左下半分側にマウスを重ね，右クリックして現れるメニューから「作成→制御器」を選択して指標というラベルが付いた数値制御器を作成してください．

同様に，**指標配列関数**の右半分側にマウスを重ね，右クリックして現れるメニューから「作成→表示器」を選択すると，要素というラベルが付いた数値表示器が作成できます．

図3-5-1のプログラムが完成したら，実行してみてください．図3-5-4に示すように指標の値を変えてみると，配列から取り出される要素が変化することがわかります．配列から取り出される要素と指標の値との関係を，図3-5-4に示します．ここで気を付けなければならないことは，最初の要素の指標は

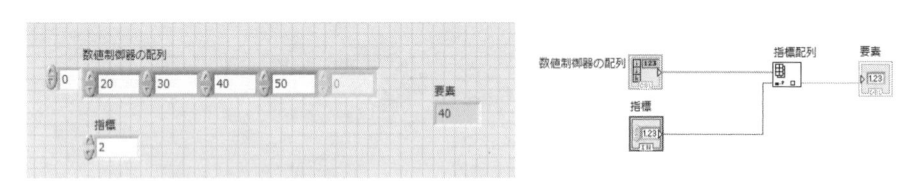

図3-5-1　一次元配列から一つの要素を取り出す方法

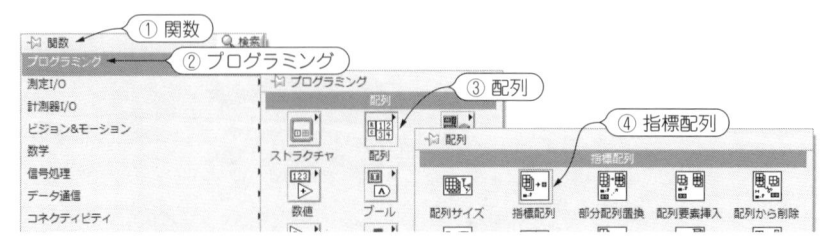

図3-5-2　指標配列関数の場所

0であるということです．指標は1から番号が割り当てられているものではなく，必ず0から始まるという点に気を付けてください．

### (2) 一次元配列から部分的に一次元配列を取り出す方法

図3-5-5は，**部分配列関数**を使用して，一次元配列から部分的に一次元配列を取り出す方法を示しています．**部分配列関数**は，ブロックダイアグラム上で右クリックして現れる関数パレットから「関数パレット→プログラミングパレット→配列パレット→部分配列」にあります．

図3-5-3
指標配列から指標というラベルがついた数値制御器を作成する方法

図3-5-4
配列から取り出される要素と指標の値との関係

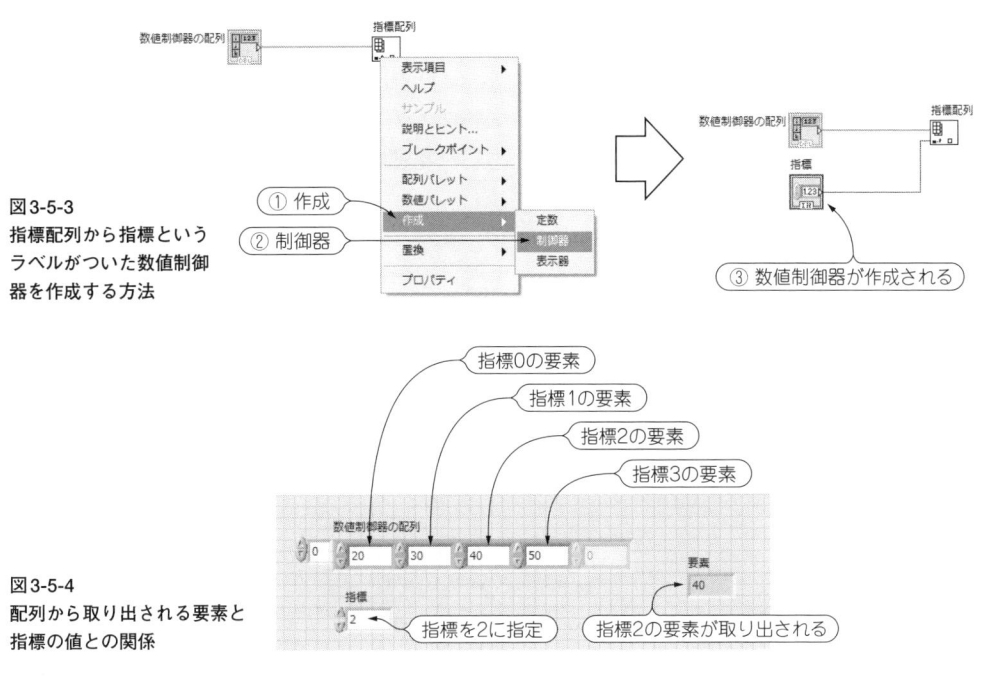

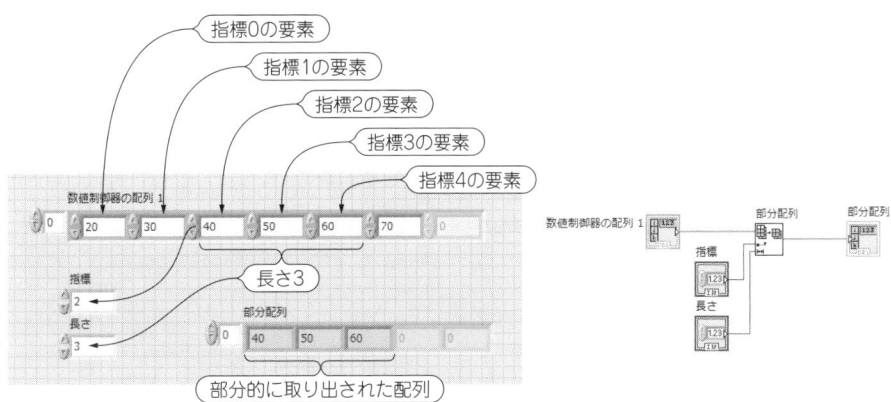

図3-5-5　一次元配列から部分的に一次元配列を取り出す方法

## 3-6 二次元配列から一次元配列と要素を抽出

### 概要

3-5節では，一次元配列から要素を抽出する方法を学びました．ここでは，二次元配列から一次元配列を取り出す方法ならびに一つの要素のみを取り出す方法を学びます．

### 課題

**(1) 二次元配列から一次元配列を取り出す方法**

図3-6-1は，**指標配列関数**を使用して，二次元配列から一次元配列を取り出す方法を示しています．これまで作成したプログラムを利用して，図3-6-1に示すプログラムを作成してください．まず，最初に**指標配列関数**をブロックダイアグラム上に置いてください．**指標配列関数**は，ブロックダイアグラム上で右クリックして現れる関数パレットから「関数パレット→プログラミングパレット→配列パレット→指標配列」にあります．

図3-6-2に示すように，**配列連結追加関数**の右側にある二次元配列のワイヤと指標配列をワイヤで配線したあとに，**指標配列関数**の左下側にマウスを重ね，右クリックして現れるメニューから「作成→制御器」を選択して指標（行）というラベルが付いた数値制御器を作成してください．同様の操作を繰り返して，図3-6-1を完成させてください（**指標配列関数**上で右クリックして列の指標の制御器を作成すると，無効な指標（列）というラベルの数値制御器ができます）．

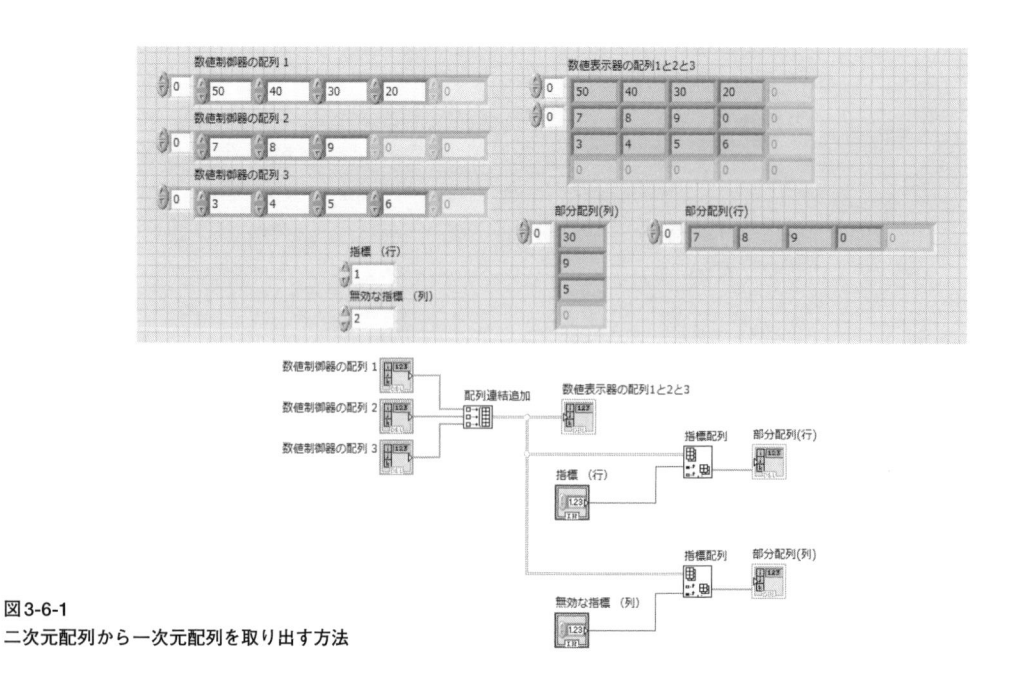

図3-6-1
二次元配列から一次元配列を取り出す方法

図3-6-1のプログラムが完成したら，実行してみてください．指標（行）および無効な指標（列）の値を変えてみると，二次元配列から取り出される一次元配列が変化します．配列を取り扱うときは，指標は0から始まるという点に気を付けてください．なお，無効な指標（列）という言葉が気になりますが，これはLabVIEW自体が一次元配列を二次元配列に組み立てるときに行方向優先で組み合わせられるため，列方向は使用しませんという意味から発生しているものであり，プログラム上で何か異常が起きているということではないので，気にする必要はありません．

## (2) 二次元配列から一つの要素を取り出す方法

図3-6-3は，**指標配列関数**を使用して，二次元配列から一つの要素だけを取り出す方法を示しています．**指標配列関数**に対して，行と列の指標を指定すれば，該当する一つの要素だけを取り出す動作をします．作成して動作を確認してみてください．

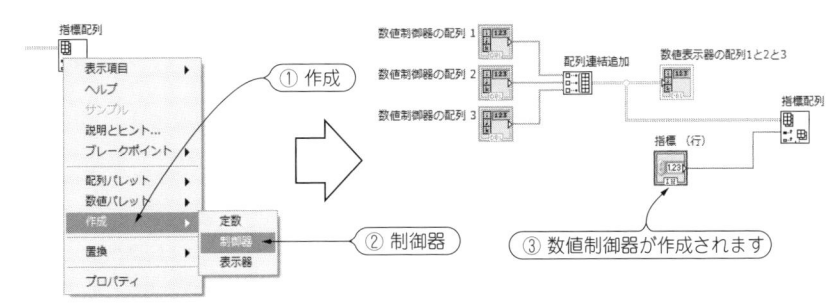

**図3-6-2** 指標配列から指標（行）というラベルがついた**数値制御器を作成する方法**

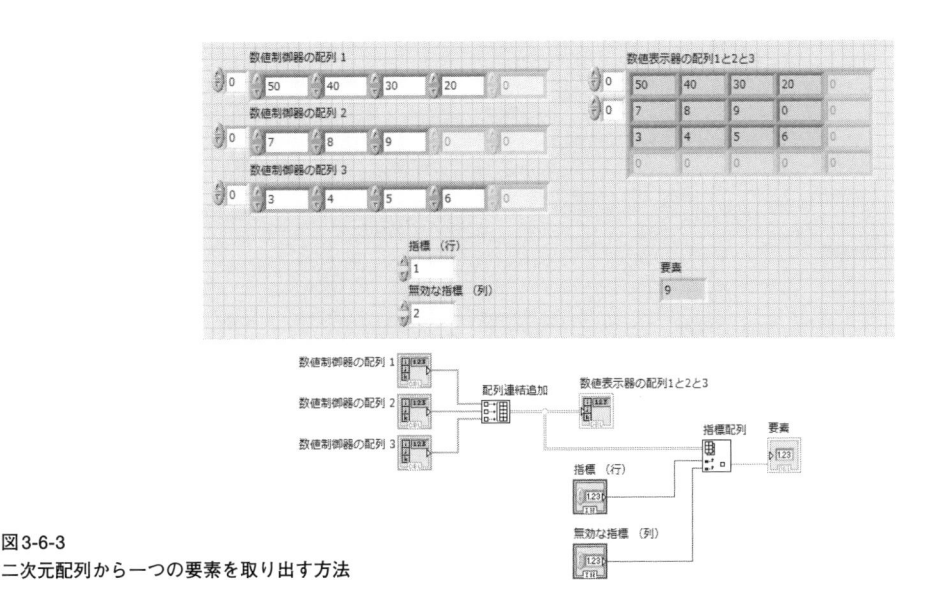

**図3-6-3**
二次元配列から一つの要素を取り出す方法

3-6 二次元配列から一次元配列と要素を抽出　　69

# 3-7 配列操作の関数

## 概要

ここでは，配列へ新しい要素を加える方法や，一部の要素を削除する方法など，LabVIEWのプログラミングをする上で必要となる配列操作での関数の使い方を学びます．

## 課題

配列関数は，図3-7-1に示すようにブロックダイアグラム上で右クリックして現れる関数パレットから「関数パレット→プログラミングパレット→配列パレット」内にあります．以下に，主な配列関数の使用例を示します．各自，プログラムを作成しながら，配列操作方法を理解していきましょう．

### (1)部分配列置換関数

図3-7-2は，**部分配列置換関数**を使用して，一次元配列の中の一部の要素を入れ替える方法を示して

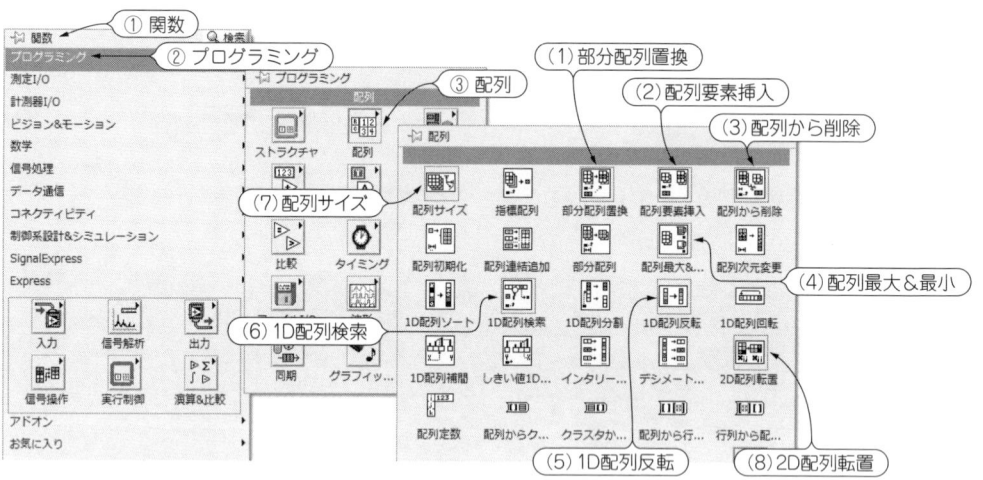

図3-7-1 配列関数の場所

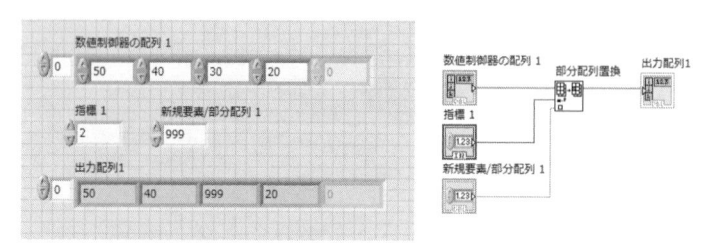

図3-7-2 部分配列置換関数の使用方法

70　第3章　LabVIEWの配列とクラスタ

います．指標で指定した要素を新しい要素に置き換える働きがあります．

## (2) 配列要素挿入関数
　図3-7-3は，**配列要素挿入関数**を使用して，一次元配列の中に要素を加える方法を示しています．指標で指定した部分に割り込んで，新しい要素を加える働きがあります．

## (3) 配列から削除関数
　図3-7-4は，**配列から削除関数**を使用して，一次元配列の中から指定した要素を削除する方法を示しています．削除されたあとの配列と削除した部分の両方を取り出せます．

## (4) 配列最大＆最小関数
　図3-7-5は，**配列最大＆最小関数**を使用して，一次元配列の中に含まれている数値の最大値と最小値，

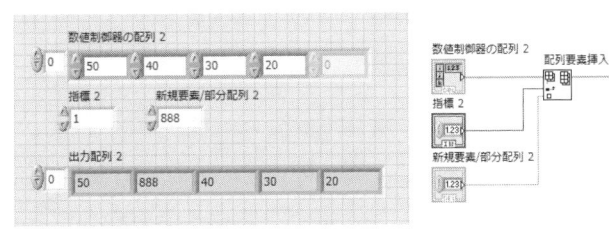

図3-7-3　配列要素挿入関数の使用方法

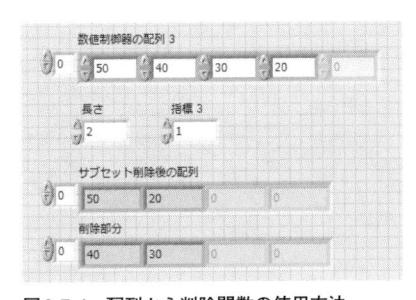

図3-7-4　配列から削除関数の使用方法

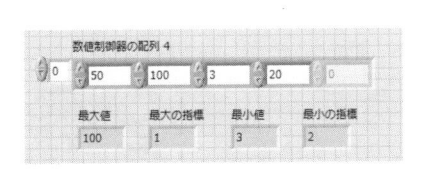

図3-7-5　配列最大＆最小関数の使用方法

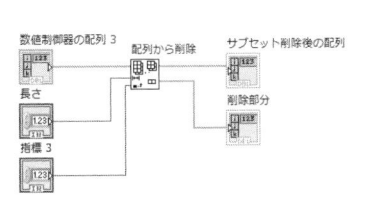

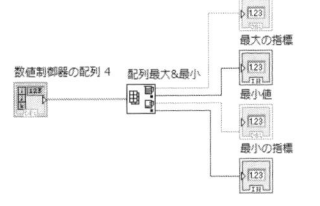

そして各々の指標を検索する方法を示しています．数値計算では，多用する関数の一つです．

### (5) 1D配列反転関数
図3-7-6は，**1D配列反転関数**を使用して，一次元配列の要素の並びを逆に変える方法を示しています．

### (6) 1D配列検索関数
図3-7-7は，**1D配列検索関数**の使用方法を示しています．開始指標(0)は検索を開始したい指標を指定するために使用します．検索したい値を要素として与えて実行すると，同じ要素がないかどうかを指標の昇順で探し出します．同じ値が見つかれば，結果が要素の指標として得られます．もし，同じ値がなかったときは，要素の指標の表示値は-1になります．

### (7) 配列サイズ関数
図3-7-8は，一次元配列に対する**配列サイズ関数**の使用方法を示しています．一次元配列に含まれる要素数を得ることができます．

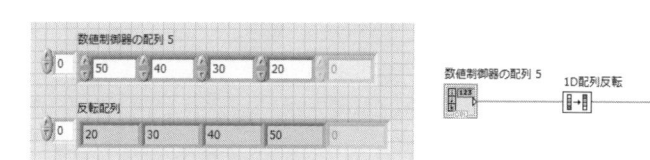

図3-7-6　1D配列反転関数の使用方法

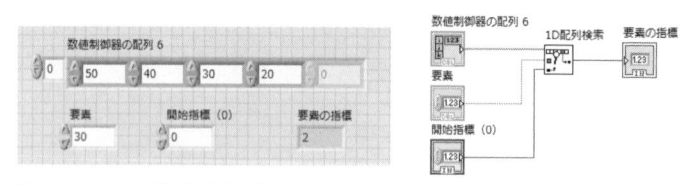

図3-7-7　1D配列検索関数の使用方法

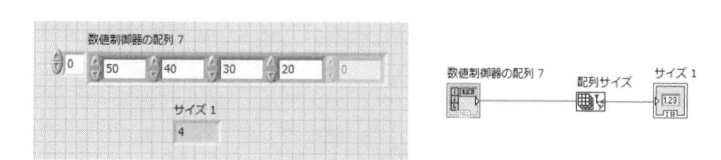

図3-7-8　一次元配列に対する配列サイズ関数の使用方法

## ポイント20　LabVIEWを使いこなすためには配列関数が必要

図3-7-1に示したように，LabVIEWには多数の配列関数があり，プログラミングする上でとても大事な関数です．ここでは，よく使用される配列関数の使用方法を述べました．今後，必要に応じて，ヘルプ機能を利用して，他には，どんな関数が備わっているのかを一通り見ておくとよいでしょう．

図3-7-9は，二次元配列に対する**配列サイズ関数**の使用方法を示しています．二次元配列に含まれる要素数は行と列で二つの要素を得るため，配列として得られます．そこで，配列の中から行の要素数と列の要素数を個々に得るためには，図3-7-9に示すように**指標配列関数**を利用します．

### (8) 2D配列転置関数

図3-7-10は，**2D配列転置関数**の使用方法を示しています．二次元配列の行と列が入れ替わります．数値解析で得られた結果を操作するときに多用する関数です．

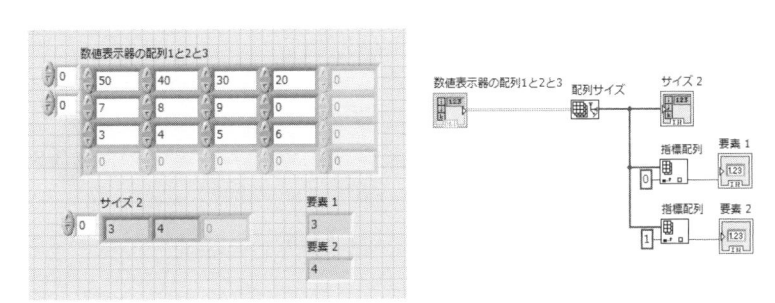

図3-7-9　二次元配列に対する配列サイズの使用方法

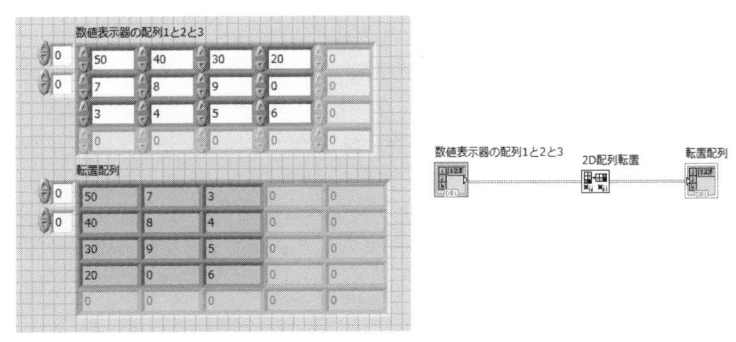

図3-7-10　2D配列転置関数の使用方法

3-7　配列操作の関数

## 3-8　数値配列と文字列形式への変換

### 概要

これまで数値の配列の取り扱い方法について学んできました．ここでは，数値の配列をカンマ区切りの文字列データに変換する方法を学びます．

### 課題

図3-8-1に示すプログラムは，二次元数値配列をカンマ区切りの文字列データに変換し，再び文字列データを二次元数値配列に戻す方法を示しています．これまでのプログラムと比較すると，難易度が高くなっていますが，数値の配列をカンマ区切りの文字列へ相互に変換する機能は大切なので，下記の指示に従って作成してみましょう．

図3-8-1のブロックダイアグラムで使用されている**配列からスプレッドシート文字列に変換関数**と**スプレッドシート文字列を配列に変換関数**は，図3-8-2に示すようにブロックダイアグラム上で右クリックして現れる関数パレットから「関数パレット→プログラミングパレット→文字列パレット」内にあります．

数値(DBL)の二次元配列は，図3-8-3に示すように**スプレッドシート文字列を配列に変換関数**の左下側にマウスを重ね，右クリックして現れるメニューから「作成→定数」を選択して作成できます．同様に，各関数の上にマウスを重ね，右クリックして現れるメニューから，形式文字列というラベルの付いた文字列定数やデリミタ(タブ)の文字列定数，表示器を作成してください．図3-8-1では，一部の文字をわかりやすいように拡大してあります．左側の形式文字列には「%.4f」を記入し，右側の形式文字列には「%d」を記入してください．デリミタ(タブ)には半角のカンマ「,」を記入してください．

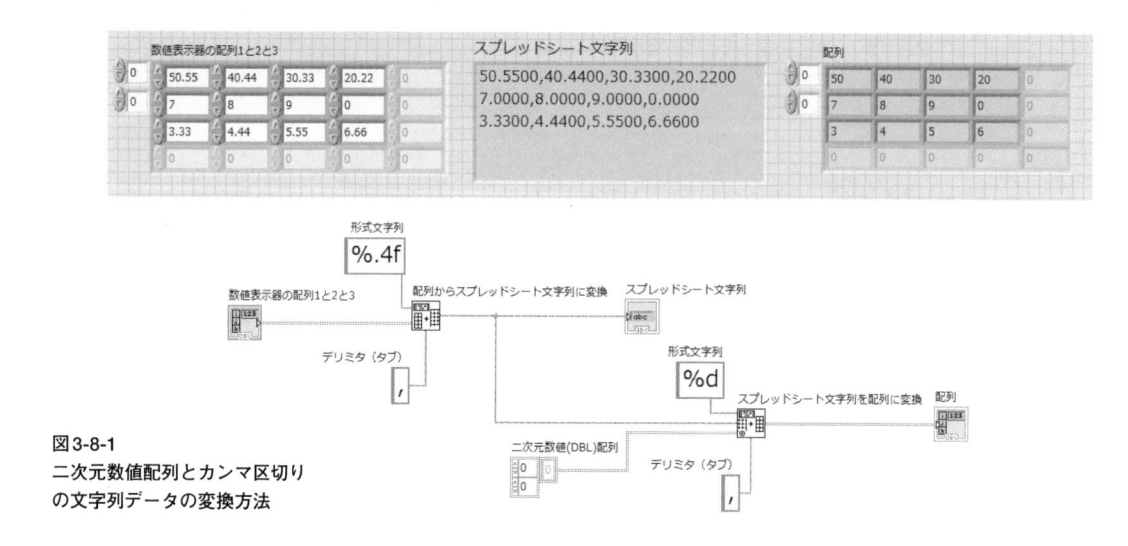

図3-8-1
二次元数値配列とカンマ区切りの文字列データの変換方法

> **ポイント21 計測器から流れてくるデータは文字列データ**
>
> 本書では触れませんが，LabVIEWプログラミングで計測器を制御したとき，得られるデータは，このようなカンマ区切りの文字列データになります．カンマ区切りの文字列データを数値解析するときは，数値配列に変換しなければならないことを覚えておきましょう．

　図3-8-1のプログラムが完成したら，実行してください．まず，形式文字列「%.4f」が指定されている**配列からスプレッドシート文字列に変換関数**では，二次元の数値配列の各数値を小数点下4桁で文字列化させています．そして，区切り文字はカンマになります．その結果が，フロントパネルのスプレッドシート文字列の表示器に現れます．次に，**スプレッドシート文字列を配列に変換関数**では，文字列内にカンマがあるかどうかを検索して，カンマの有無で数値配列に変換します．その変換方法は，二次元数値(DBL)配列というラベルが付いた二次元数値配列によって，二次元数値配列に指定されています．文字列を数値に変換するときは，形式文字列「%d」で指定されているので，小数点が削除された整数値になります．

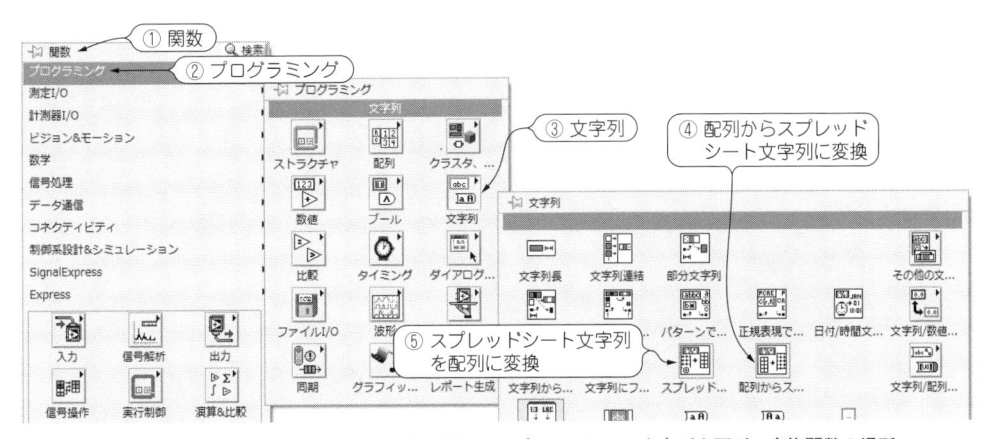

**図3-8-2 配列からスプレッドシート文字列に変換関数とスプレッドシート文字列を配列に変換関数の場所**

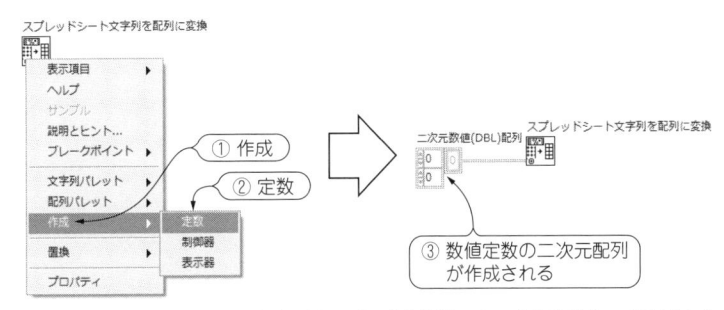

**図3-8-3 スプレッドシート文字列を配列に変換関数から二次元数値(DBL)配列を作成する方法**

3-8 数値配列と文字列形式への変換

# 3-9 クラスタ

**概要**

1本のワイヤ内に，さまざまな形式のデータを束ねる方法として，クラスタがあります．ここでは，LabVIEW独自の特徴を持つクラスタの性質について学びます．

**課題**

**(1) クラスタ制御器の作成方法とバンドル解除方法**

図3-9-1に示すプログラムは，クラスタを利用して，さまざまな形式のデータを1本のワイヤにまとめ，そして1本のワイヤからクラスタ内の各要素を取り出す方法を示しています．

まず，クラスタを作ります．クラスタは，図3-9-2に示すようにフロントパネル上で右クリックして現れる制御器パレットから「制御器パレット→モダンパレット→配列，行列&クラスタパレット→クラスタ」にあるので，フロントパネル上に置いてください．

クラスタをフロントパネル上に置いたら，図3-9-3に示すように，数値制御器，ブール制御器，文字列制御器の順番でクラスタ内に各制御器を入れると，クラスタの制御器ができて，ブロックダイアグラムにはクラスタの端子が現れます．

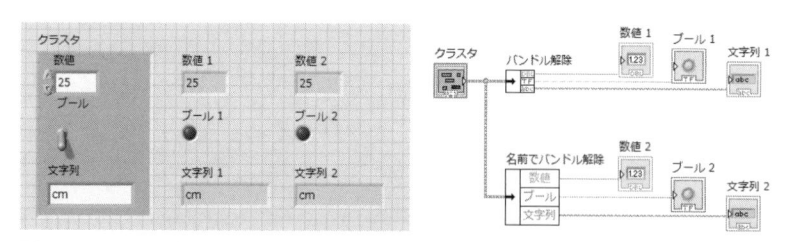

図3-9-1 クラスタ制御器とクラスタ内の各要素の取り出し方法

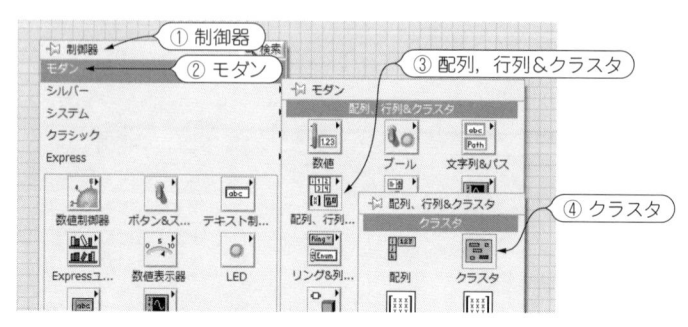

図3-9-2 クラスタ関数の場所

第3章　LabVIEWの配列とクラスタ

次に，クラスタ内の制御器の並べ替えをしておく必要があります．クラスタ内の制御器の並べ替えは，以前はクラスタ順位の変更とよばれた作業であり，クラスタ内に制御器を入れると，その順番にそってクラスタ内の制御器に順位づけがされるというものです（後で使用する**バンドル解除関数**を使用するときに，この順位づけが重大な意味を持つ）．**図3-9-4**に示すようにクラスタの枠の上で右クリックして現れるメニューから「クラスタ内の制御器の並べ替え」を選択すると，画面が暗くなり，各制御器に番号が現れます．**図3-9-4**と違う番号順になっている場合は，番号の部分を順番にマウスでクリックして，**図3-9-4**と同じ設定にしてください．

**図3-9-1**を完成させるためには，**バンドル解除関数**と**名前でバンドル解除関数**を使用します．これらの関数は，**図3-9-5**に示すようにブロックダイアグラム上で右クリックして現れる関数パレットから「関数パレット→プログラミングパレット→クラスタ，クラス，バリアントパレット」内にあります．

**バンドル解除関数**と**名前でバンドル解除関数**をワイヤでクラスタへ配線したら，**図3-9-6**に示すように自動的に項目が現れます．**バンドル解除関数**の場合は，クラスタ内の制御器の並べ替えの順番にそって項目が現れます．**名前でバンドル解除関数**の場合は，クラスタ内の制御器の並べ替えの0番目の項目

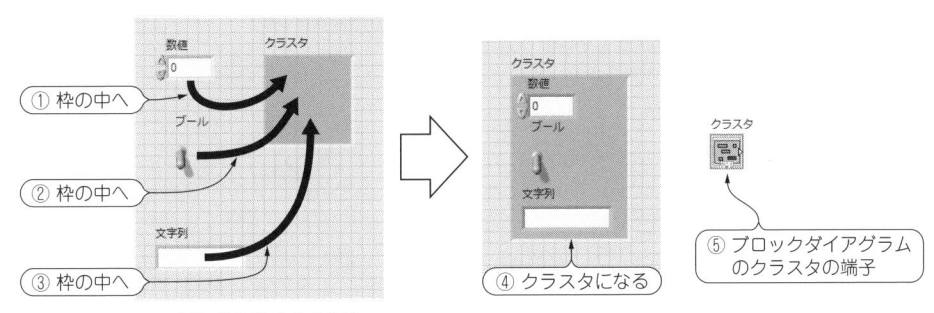

図3-9-3　クラスタ制御器を作成する方法

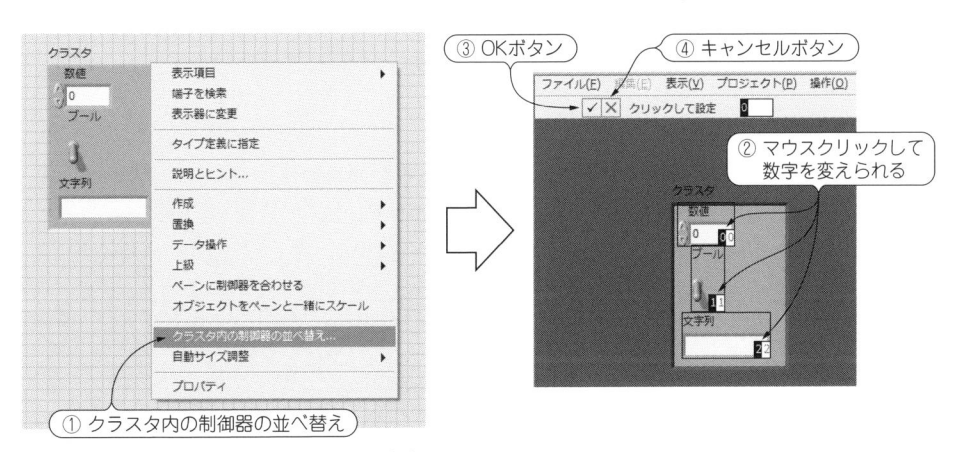

図3-9-4　クラスタ内の制御器の並べ替えの方法

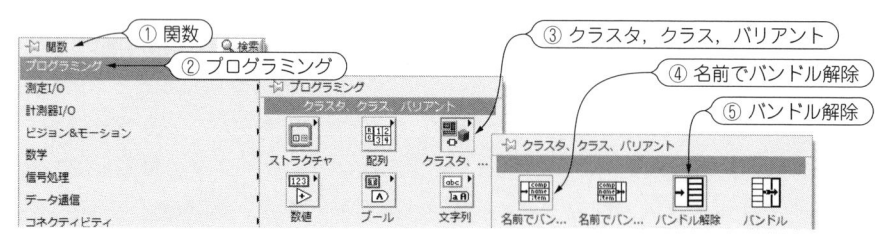

図3-9-5　バンドル解除関数と名前でバンドル解除関数の場所

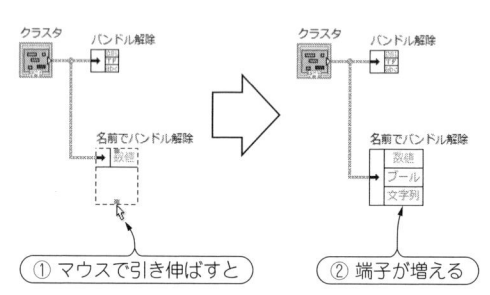

図3-9-6　バンドル解除関数と名前でバンドル解除関数に現れる項目のようす

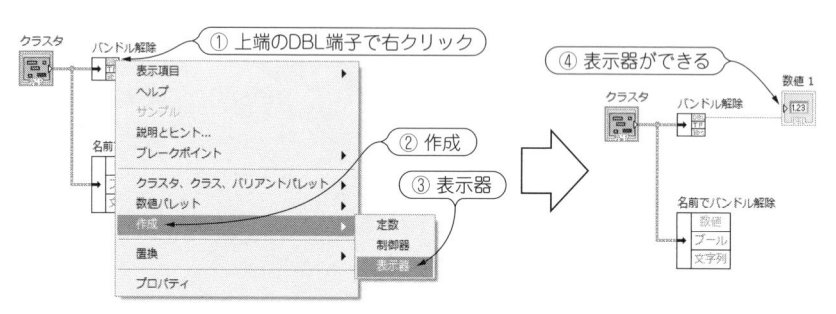

図3-9-7　バンドル解除関数および名前でバンドル解除関数から表示器を作成する方法

だけが現れるので，マウス操作で下に引き伸ばして，3項目が見えるようにしてください．

　表示器を作成するためには，図3-9-7に示すように各関数の右半分側で右クリックして現れるメニューから「作成→表示器」を選択してください．

　図3-9-1のプログラムが完成したら，実行して，クラスタ内の要素が引き出されるようすを確認してください．

## (2) ブロックダイアグラム内でクラスタを作成する方法

　図3-9-8に示すプログラムは，ブロックダイアグラム内でクラスタを作成する方法を示しています．

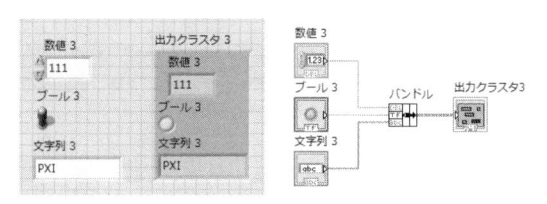

図3-9-8　ブロックダイアグラム内でクラスタを作成する方法

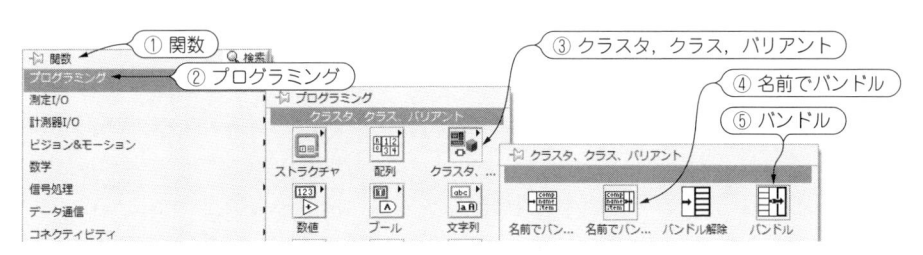

図3-9-9　バンドル関数と名前でバンドル関数の場所

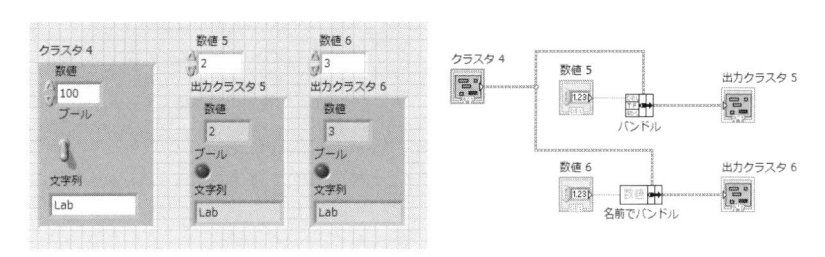

図3-9-10　クラスタを参照してクラスタ内部の要素を入れ替える方法

　クラスタの作成には**バンドル関数**を使用します．バンドル関数は，図3-9-9に示すように，ブロックダイアグラム上で右クリックして現れる関数パレットから「関数パレット→プログラミングパレット→クラスタ，クラス，バリアントパレット→バンドル」にあります．
　図3-9-8に示すプログラムの数値制御器，ブール制御器，文字列制御器は，フロントパネル上から作成してください．図3-9-8に示すプログラムは，**バンドル関数**に対して，上から数値制御器，ブール制御器，文字列制御器の順番で配線されているので，クラスタ内の制御器の並べ替えの順番は，数値制御器が0番目，ブール制御器が1番目，文字列制御器が2番目となっています．

### (3) クラスタを参照してクラスタ内部の要素を入れ替える方法

　図3-9-10に示すプログラムは，既に作られているクラスタを参照して，クラスタの要素を入れ替える動作をします．**名前でバンドル関数**は，バンドル関数と同じ場所（詳細は図3-9-9を参照）にあります．

## 3-10　第3章の章末問題

(1) **図3-10-1**に示すように，四つの要素を含む一次元数値配列と六つの要素を含む一次元配列を加算しました．このときの計算結果は，いくつの要素を含む状態になりますか．

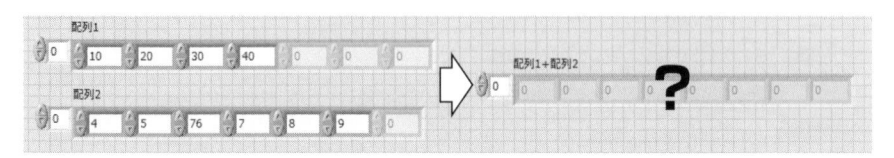

図3-10-1　四つの要素を含む一次元数値配列と六つの要素を含む一次元配列

(2) **図3-10-2**に示すように，数値配列の制御器に入力した四つの要素を二つに減らしたい場合は，どのように操作をすればよいですか？
（ヒント：配列の上で右クリックして「データ操作」を選択）

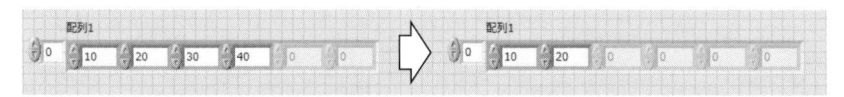

図3-10-2　四つの要素を二つの要素に減らしたようす

(3) 表記法がDBLの数値配列と表記法がI32の数値配列を加算しました．このときの計算結果は，どんな表記法になりますか？

(4) **図3-10-3**に示すように，一次元配列において，2番目の要素から4番目の要素だけを取り出すとき，**部分配列関数**を使用せずに，**指標配列関数**を使用したプログラムを作成してください．

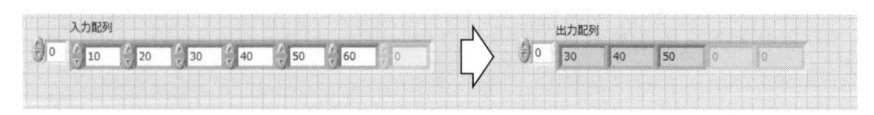

図3-10-3　2番目の要素から4番目の要素だけを取り出したようす

(5) 数値配列に含まれる数値の平均値を計算するプログラムを作成してください．
（ヒント：ブロックダイアグラム上で右クリックして現れる関数パレットから「関数パレット→プログラミングパレット→数値パレット→配列要素の和」にある**配列要素の和関数**を使用すると，数値配列に含まれる数値の合計値を得られる）

# 第4章

# LabVIEWで使用する判断命令と繰り返し反復命令

本章では，LabVIEWで使用する判断命令や実行順序の制御命令，繰り返し反復実行命令．そして繰り返し反復実行命令で現れる配列特有の性質について学んでいきます．

## ▶ 本章の目次 ◀

- 4-1　ケースストラクチャ（ブール入力）
- 4-2　ケースストラクチャ（数値入力）
- 4-3　ケースストラクチャ（リング入力）
- 4-4　ケースストラクチャ（文字列入力）
- 4-5　シーケンスストラクチャ
- 4-6　Forループと出力配列
- 4-7　二重のForループと出力配列
- 4-8　Forループと入力配列
- 4-9　二重のForループと入力配列
- 4-10　Whileループと出力配列
- 4-11　Whileループとシフトレジスタ
- 4-12　WhileループとForループの互換性
- 4-13　第4章の章末問題

## 4-1 ケースストラクチャ(ブール入力)

### 概要

YESかNOかによって,プログラムの流れを変えるときは,ケースストラクチャを使用します.ここでは,入力されたブールの値によって,ケースストラクチャがどのように機能するかについて学びます.

### 課題

**(1) スイッチのON/OFFでケースストラクチャを使用する方法**

図4-1-1に示すプログラムは,入力された二つの数値制御器の値の積を求めるのか,和を求めるのかをトグルスイッチのON/OFF状態によって切り替えることができます.

図4-1-1で使用されているケースストラクチャは,図4-1-2に示すようにブロックダイアグラム上で右クリックして現れる関数パレットから「関数パレット→Expressパレット→実行制御パレット→ケースストラクチャ」にあります.図4-1-2に示すように,セレクタラベルの横にある三角をクリックすると,TRUEとFALSEを切り替えられます.

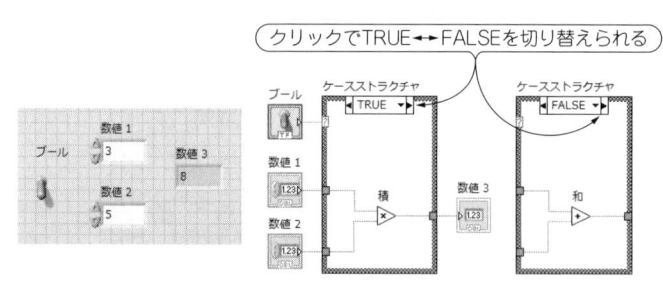

図4-1-1 ブール入力によるケースストラクチャの使用方法

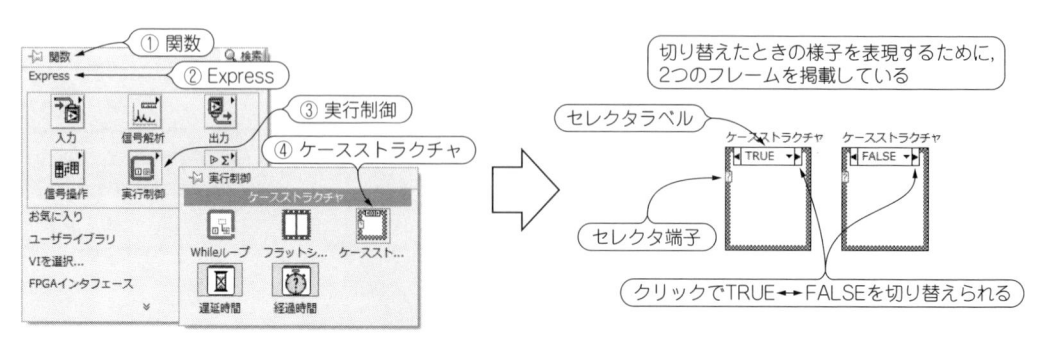

図4-1-2 ケースストラクチャの場所

ケースストラクチャをブロックダイアグラムに置いたら，ブール制御器の垂直トグルスイッチ（場所は図2-8-2を参照）や数値制御器（場所は図1-10-2を参照），**和関数**と**積関数**（場所は図1-5-3を参照）を配置して図4-1-1のプログラムを完成させてください．

図4-1-1のプログラムが完成したら，実行してください．トグルスイッチのON/OFFによって，和を計算するか，または，積を計算するかを切り替えられることを確認してください．

## (2) 比較した結果でケースストラクチャを使用する方法

図4-1-3に示すプログラムは，入力された二つの数値制御器の値の大きさを比較した結果，数値4の値が数値5以上の大きさならばTRUEと判断して積を計算し，数値4の値が数値5未満の大きさならばFALSEと判断して和を計算するものです．先に作成したブロックダイアグラムに，**以上？関数**を加えて，図4-1-3を作成してください．

図4-1-3で使用されている**以上？関数**は，図4-1-4に示すようにブロックダイアグラム上で右クリックして現れる関数パレットから「関数パレット→Expressパレット→Express比較パレット→以上？」にあります．

図4-1-3のプログラムが完成したら，実行してみてください．そして数値制御器の値を変化させ，値を比較した結果によって，和を計算するか，または，積を計算するかを確認してください．

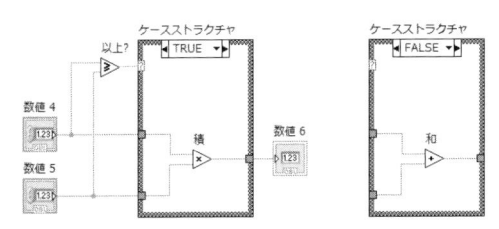

図4-1-3　二つの数値制御器の値を比較して計算内容を切り替える方法

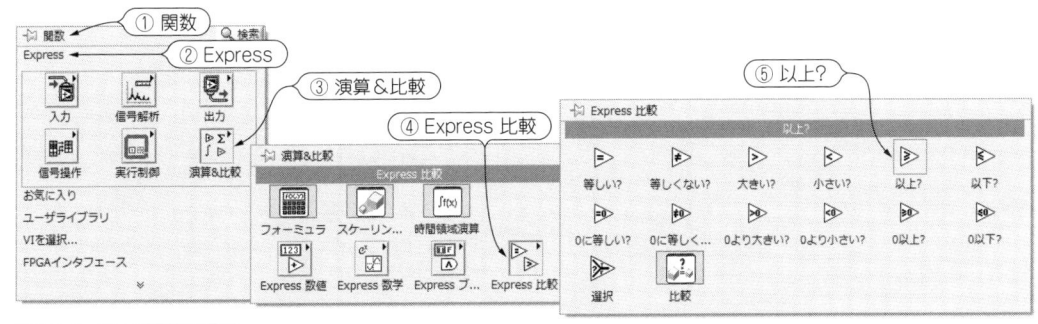

図4-1-4　以上？関数の場所

4-1　ケースストラクチャ（ブール入力）　　83

## 4-2 ケースストラクチャ（数値入力）

### 概 要

4-1節では，ブールによるケースストラクチャの使用方法を学びました．ここでは，ケースストラクチャに数値を入力することで，プログラムの処理内容を変化させる方法について学びます．

### 課 題

図4-2-1に示すプログラムは，セレクタ端子に配線された数値入力の値によって，和，積，差，商の四則演算を切り替えることができます．

> 数値入力の値＝0ならば和を求める，数値入力の値＝1ならば積を求める
> 数値入力の値＝2ならば差を求める，数値入力の値＝3ならば商を求める

図4-2-1のプログラムを作成するためには，まず数値入力というラベルが付いた数値制御器を用意します．数値制御器は，フロントパネル上で右クリックして現れる制御器パレットから「制御器パレット→Expressパレット→数値制御器パレット→数値制御器」にあります．通常，作成される数値制御器は表記法がDBL（倍精度）になりますが，ここで使用している数値入力というラベルが付いた数値制御器はI32（倍長整数）の表記法になっています．これは，ケースストラクチャのセレクタ端子は，0，1，2のような整数の値を入力して使用するためです．数値制御器の表記法を変えるためには，図4-2-2に示すように数値制御器の上で右クリックして現れるメニューから「表記法→I32（倍長整数）」を選択してください．

次に，ケースストラクチャをブロックダイアグラムに置いたら，数値入力というラベルが付いた数値

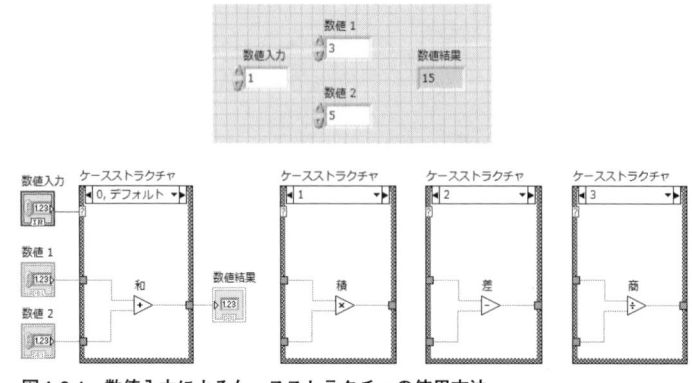

図4-2-1　数値入力によるケースストラクチャの使用方法

第4章　LabVIEWで使用する判断命令と繰り返し反復命令

制御器とケースストラクチャのセレクタ端子をワイヤで配線してください．すると，**図4-2-3**に示すようにTRUEまたはFALSE表示であったセレクタラベルが，0と1に変化します．

　ここでは，和，積，差，商の四則演算をするので，ケースが四つ必要になります．ケースストラクチャのケースを増やすためには，**図4-2-4**に示すように，ケース表記部分で右クリックして現れるメニューから「後にケースを追加」を選択してください．失敗したときは，同様に右クリックして現れるメニューから「このケースを削除」を選択して修正します．

　なお，**図4-2-4**には，「このケースをデフォルトにする」という項目があります．これは，セレクタラベルで定義されていない値がセレクタ端子に入力されたときは，セレクタラベルにデフォルトと書かれたケースを実行するという意味になります．**図4-2-1**の場合は，セレクタラベルとして0～3の間しか許されない状態にありますが，誤って数値5や100などの値がセレクタ端子に入力された場合は，デフォルトに設定されているセレクタラベル0のケースが実行されることになります．デフォルトを指定

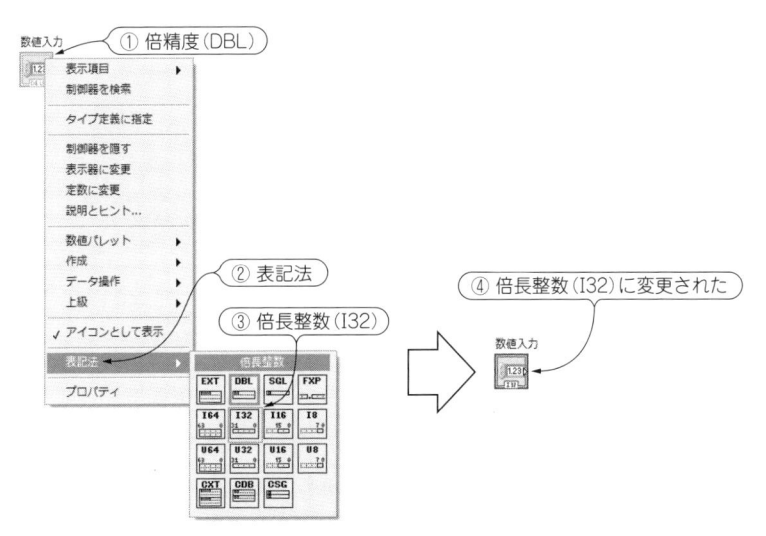

図4-2-2　数値制御器の表記法を変更する方法

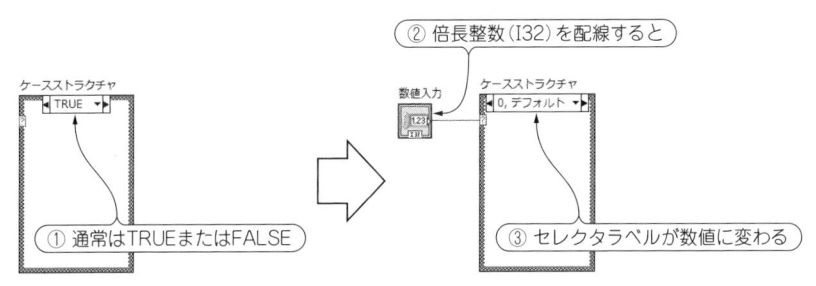

図4-2-3　ケースストラクチャのセレクタラベルが変化するようす

4-2　ケースストラクチャ（数値入力）　　85

しない場合は，LabVIEWのプログラムを実行できないので注意してください．

　ケースストラクチャのセレクタラベル0～3までのケースを用意できたら，数値制御器（場所は図1-10-2を参照），和関数と積関数（場所は図1-5-3を参照）を配置して図4-2-1のプログラムを完成させてください．

　図4-2-1のプログラムが完成したら，実行してください．数値入力の値＝0ならば和が計算され，数値入力の値＝1ならば積が計算され，数値入力の値＝2ならば差が計算され，数値入力の値＝3ならば商が計算されることを確認してください．なお，数値入力の値に故意に5を入力すると，デフォルト設定したケースで計算されることも確認してください．

　図4-2-1では，ケースストラクチャのセレクタ端子にあらかじめ整数の値が入力されるようにプログラムを作成しましたが，場合によっては整数でない場合もありえます．数値入力の制御器の表記法がI32（倍長整数）ではなく，DBL（倍精度）である場合は，図4-2-5に示すようになります．注意深くみて

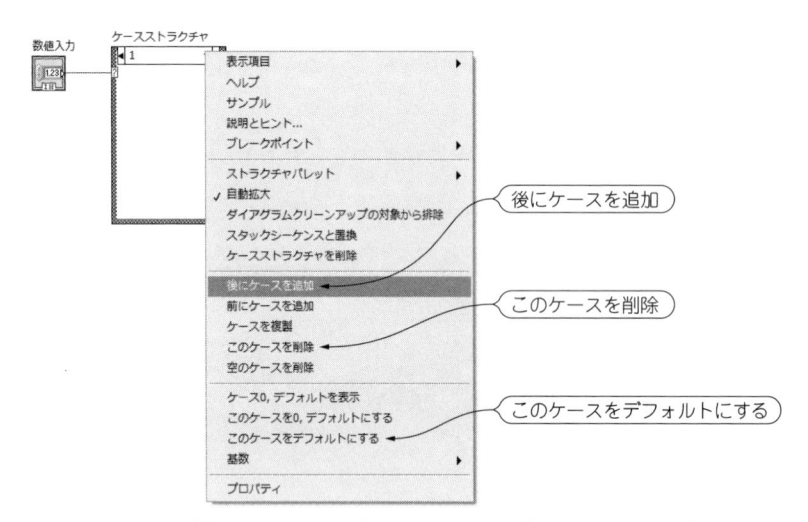

図4-2-4　ケースを追加，このケースを削除，このケースをデフォルトにする方法

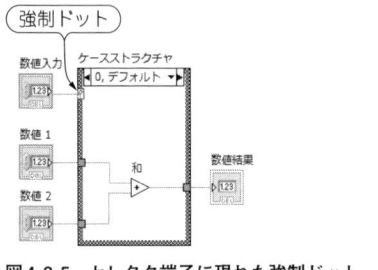

図4-2-5　セレクタ端子に現れた強制ドット

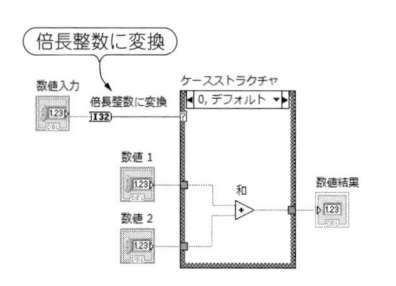

図4-2-6　倍長整数に変換関数を使用した方法

86　　第4章　LabVIEWで使用する判断命令と繰り返し反復命令

みると，セレクタ端子に，小さなドットが付いています（パソコンでは赤色のドット）．これは強制ドットとよばれるもので，互いの表記法またはデータ形式が異なるときに，強制的に形式を合わせ込むときに現れるものです．

細かいことを言うと，この強制ドットは計算で使用するメモリを増やし計算速度を低下させる原因になるので，LabVIEWのプロは，強制ドットが現れないようにプログラムを作成します．

強制ドットに頼らず，明示的に表記法を変換するときは，**図4-2-6**に示すように**倍長整数に変換関数**を使用します．**倍長整数に変換関数**などをはじめとした変換関数は，**図4-2-7**に示すようにブロックダイアグラム上で右クリックして現れる関数パレットから「関数パレット→プログラミングパレット→数値パレット→変換パレット」内にあります．

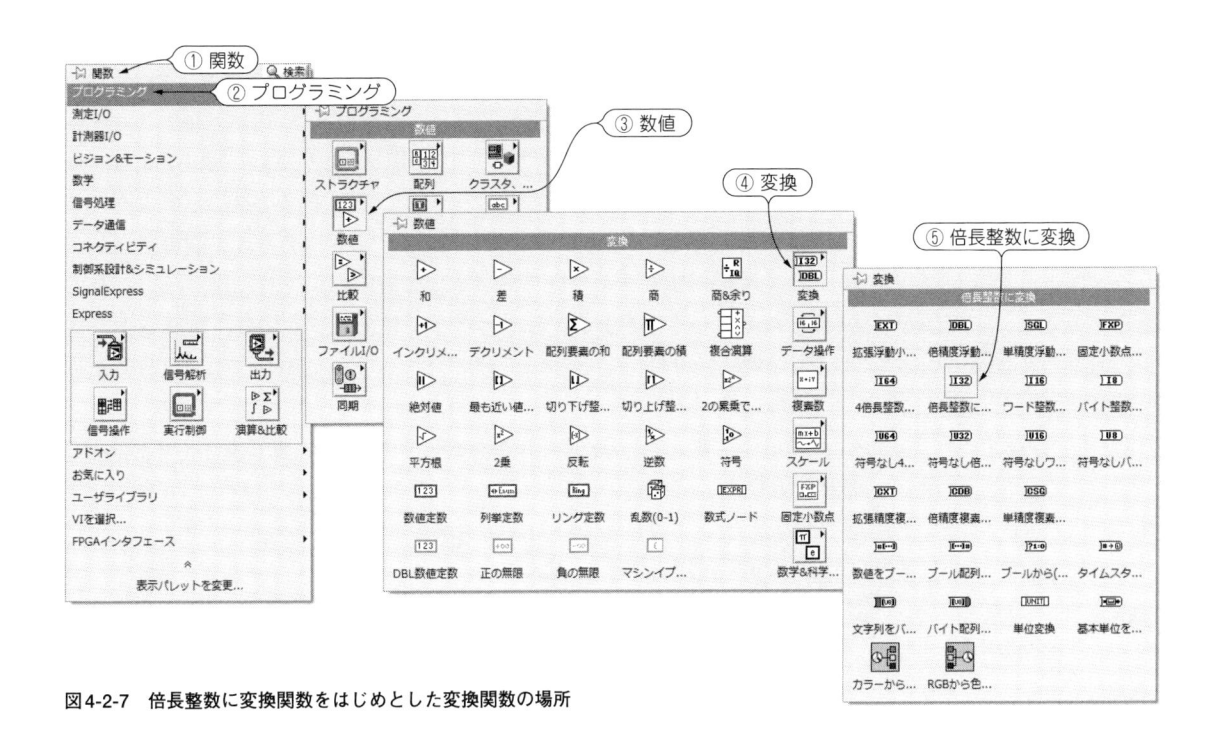

図4-2-7　倍長整数に変換関数をはじめとした変換関数の場所

4-2　ケースストラクチャ（数値入力）　　87

# 4-3 ケースストラクチャ（リング入力）

### 概　要

前節では，数値をセレクタ端子に入力させてケースストラクチャを使用する方法を学びました．しかし，実用面を考えると，数値を入力させることで四則演算の種類を変えられるというフロントパネルは使いにくいものです．ここでは，メニューリングとよばれる選択ボタンを使用することで，ケースストラクチャを使用する方法を学びます．

### 課　題

図4-3-1に示すプログラムは，メニューリングと呼ばれる選択ボタンを使用して，和，積，差，商の四則演算を切り替える方法を示しています．これならば，メニューリングに文字が記されているので，使いやすくなります．

図4-3-1のプログラムを作成するためには，4-2節のプログラムを利用してください．図4-3-1のプログラムを作成するためには，メニューリングが必要です．メニューリングは，図4-3-2に示すようにフロントパネル上で右クリックして現れる制御器パレットから「制御器パレット→テキスト制御器パレット→メニューリング」にあります．メニューリングをフロントパネルに置いて，ブロックダイアグラムをみてみると，表記法がU16（符号なしワード整数）であることがわかります．つまり，フロントパネルに置いたメニューリングには文字が表示されますが，ブロックダイアグラムでのワイヤに流れるデータは文字ではなく整数になることがわかります．

4-2節で作成したプログラムを利用する場合は，数値入力をメニューリングに置き換えてください．

図4-3-1
メニューリング入力によるケースストラクチャの使用方法

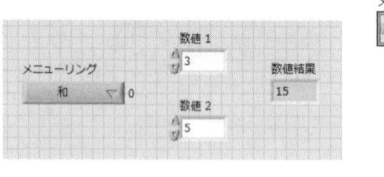

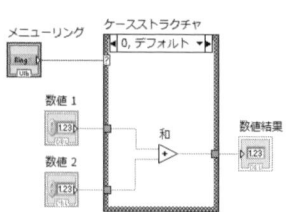

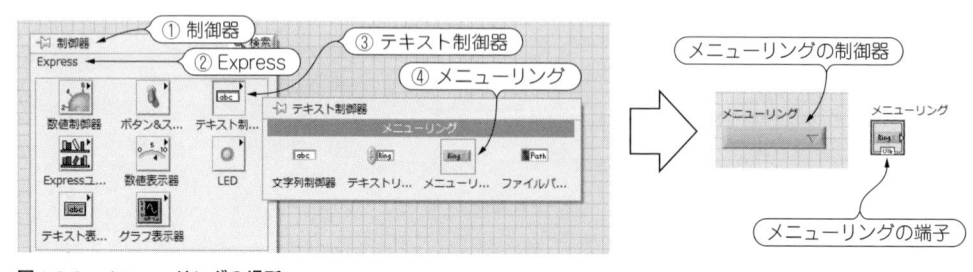

図4-3-2　メニューリングの場所

### ポイント22 他のリングについて

図**4-3-2**に示したメニューリングの左側には，テキストリングがあります．テキストリングとメニューリングの違いは，フロントパネルにおけるデザインの違いのみなので，同じ動作を実現できます．

メニューリングに文字を記入するためには，図4-3-3に示すようにメニューリングの上で右クリックして現れるメニューから「項目を編集……」を選択してください．

図4-3-4に示すような項目を編集できるメニューが開くので，「挿入」をクリックして和，積，差，商の項目を記入してください．また，「上に移動」，「下に移動」，「削除」をクリックして，図4-3-1と同じように，和の値は0，積の値は1，差の値は2，商の値は3に設定してください．

図4-3-5に示すように，メニューリングの上で右クリックして現れるメニューから「表示項目→デジタル表示」を選ぶと，メニューリングで選んだ項目が数値としてはいくつなのかがわかりやすくなります．

メニューリングの項目の編集を終えたら，プログラムは完成です．プログラムを実行して，メニューリングで選んだとおりの四則演算が実行されるかどうかを確認してください．

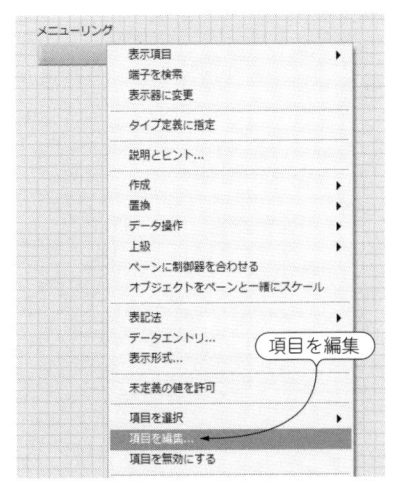

図4-3-3 項目を編集…を呼び出す方法

図4-3-4 メニューリングの項目を編集する方法

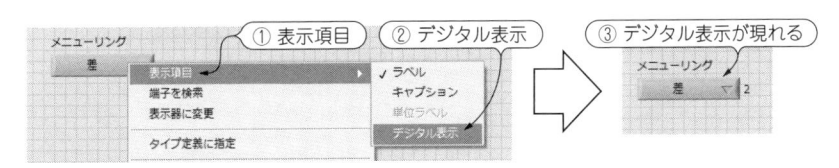

図4-3-5 デジタル表示を呼び出す方法

## 4-4 ケースストラクチャ（文字列入力）

### 概要

4-3節では，数値をセレクタ端子に入力させてケースストラクチャを使用する方法を学びました．ケースストラクチャのセレクタ端子には，文字列も入力して使用することができます．ここでは，文字列をセレクタ端子に入力させてケースストラクチャを使用する方法を学びます．

### 課題

図4-4-1に示すプログラムは，セレクタ端子に文字列を入力させて，和，積，差，商の四則演算を切り替える方法を示しています．

図4-4-1のプログラムを作成するためには，4-3節で作成したプログラムを利用すると良いでしょう．まず，フロントパネルに文字列の制御器を用意します．文字列制御器は，図4-4-2に示すようにフロントパネル上で右クリックして現れる制御器パレットから「制御器パレット→テキスト制御器パレット→文字列制御器」にあります．

図4-4-3に示すように，文字列制御器の端子をケースストラクチャのセレクタ端子にワイヤで配線す

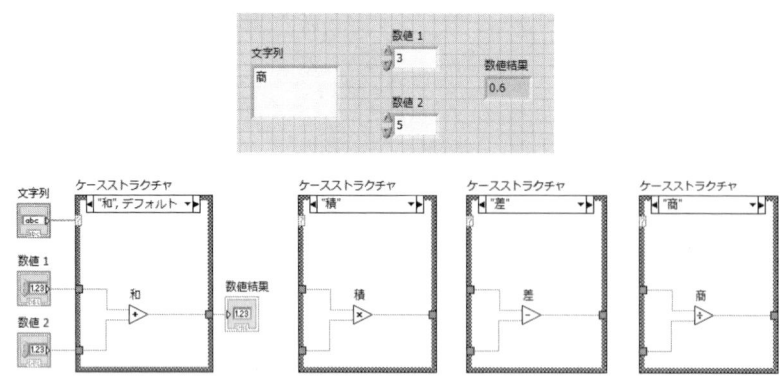

図4-4-1 文字列入力によるケースストラクチャの使用方法

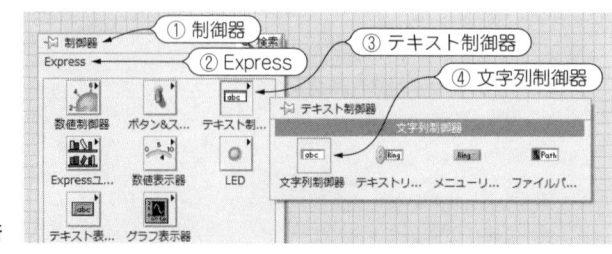

図4-4-2 文字列制御器の場所

90　第4章 LabVIEWで使用する判断命令と繰り返し反復命令

## ポイント23　改行を表示する方法

　図4-4-1のプログラムがうまく動作しない場合は，Enterキーで改行が入っていないかどうかを確認することになりますが，改行は見えない文字なので，改行があるのかどうかがわからなくなることがあります．

　こんなときは，図4-4-4に示すように文字列制御器の上にマウスを重ね，右クリックすると現れるメニューから「'￥'コード表示」を選んでください．改行は￥n，半角のスペースは￥sとして表示されます．

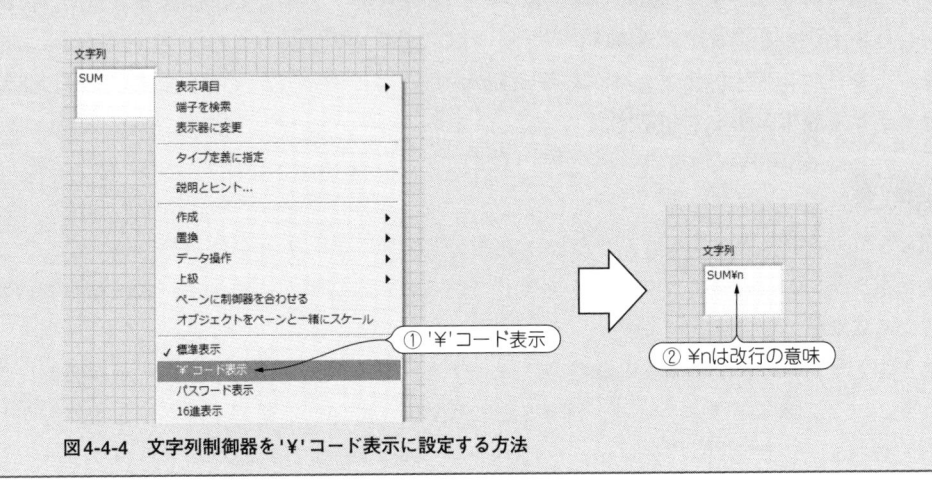

図4-4-4　文字列制御器を'￥'コード表示に設定する方法

---

ると，セレクタラベルが" "で区切られた文字列に変化するので，直接，ラベリングツールで各々のケースのセレクタラベルに"和"，"積"，"差"，"商"を書き込んでください．4-3節の数値入力によるケースストラクチャの使用方法と同じようにデフォルトの設定が必要になります．

　図4-4-1のプログラムが完成したら，実行してみてください．文字列制御器に「和」を入力すれば和が計算され，「積」を入力すれば積が計算され，「差」を入力すれば差が計算され，「商」を入力すれば商が計算されることを確認してください．うまくいかない場合は，文字列を書き込むときに，Enterキーで改行を含ませていないかどうかを確認してください．そして，セレクタラベルにない文字列を文字列制御器へ書き込むと，デフォルト設定したケースが実行されることも確認してください．

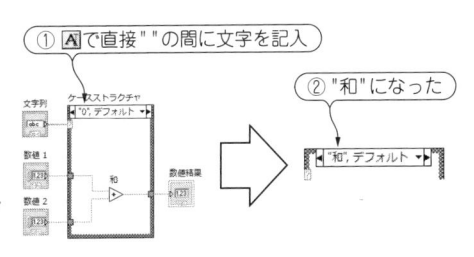

図4-4-3
ケースストラクチャのセレクタラベルへ直接文字を書き込むようす

4-4　ケースストラクチャ（文字列入力）

## 4-5 シーケンスストラクチャ

### 概要

　LabVIEWは，ワイヤで配線された順番でプログラムが実行されるという特徴があります．そのため，ブロックダイアグラム上で互いに配線がつながっていない部分があると，どちらが先に実行されているのかが不明確になります．LabVIEWではシーケンスストラクチャとよばれるフレームで囲うことにより実行順序を決めることができます．シーケンスストラクチャにはスタックシーケンスストラクチャとフラットシーケンスストラクチャがありますが，ここでは使い方が理解しやすいフラットシーケンスストラクチャで使用方法を学びます．

### 課題

　図4-5-1に示すプログラムは，フラットシーケンスストラクチャを使用した例です．フラットシーケンスストラクチャは左側のフレームから実行されるという特徴があるため，和→積→差の順番で計算されるようになっています．

　図4-5-1のプログラムを作成するためには，フラットシーケンスストラクチャが必要になります．フラットシーケンスストラクチャは，図4-5-2に示すようにブロックダイアグラム上で右クリックして現れる関数パレットから「関数パレット→Expressパレット→実行制御パレット→フラットシーケンスストラクチャ」にあるので，ブロックダイアグラムに置いてください．

　最初にブロックダイアグラムに置いた状態では，図4-5-3に示すようにフレームが一つだけの状態になっているので，フレームの上で右クリックして現れるメニューから「後にフレームを追加」を選択して，フレームの数を増やしてください．

　次に，図4-5-1には，待機(ms)関数が使用されています．待機(ms)関数は指定した時間だけ何もせずに待つという機能があり，今回は順序通りに動作することを目視で確認するために使用しています．

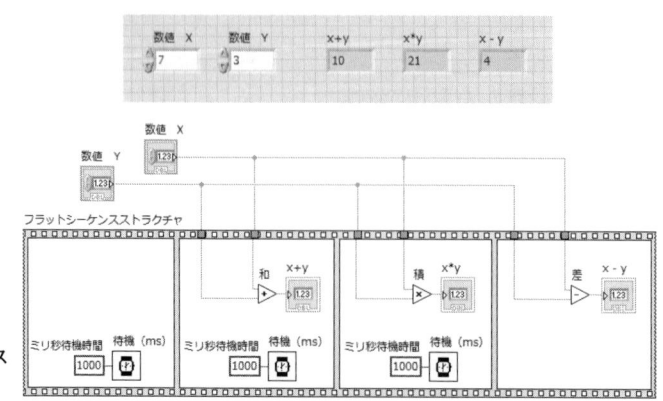

図4-5-1
フラットシーケンスストラクチャ

この**待機(ms)関数**は，図4-5-4に示すようにブロックダイアグラム上で右クリックして現れる関数パレットから「関数パレット→プログラミングパレット→タイミングパレット→待機(ms)」にあります．

**待機(ms)関数**の左側にあるミリ秒待機時間の数値定数は，図4-5-5に示すように**待機(ms)関数**の左半分側にマウスを重ね，右クリックして現れるメニューから「作成→定数」を選ぶと素早く作成できます．ここではミリ秒待機時間の数値定数として1000が与えられているので，1秒間だけ待機するという意味になります．

図4-5-1のプログラムが完成したら，実行してみてください．「1秒間待つ→和を計算する→1秒間待つ→積を計算する→1秒間待つ→差を計算する」の順番で実行されることを確認してください．

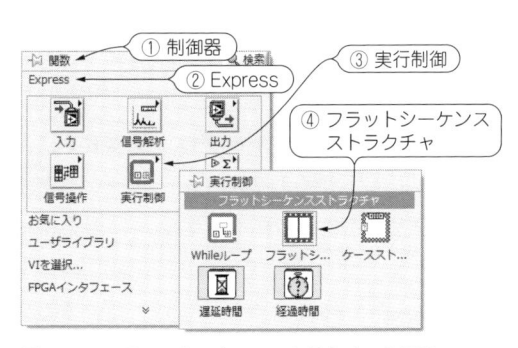

図4-5-2　フラットシーケンスストラクチャの場所

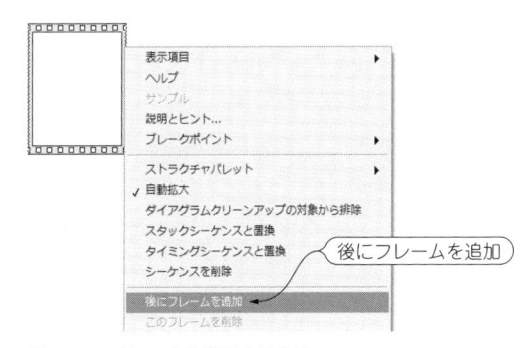

図4-5-3　フレームを追加する方法

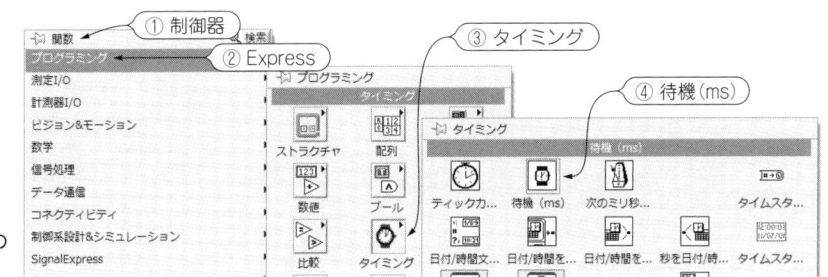

図4-5-4　待機(ms)関数の場所

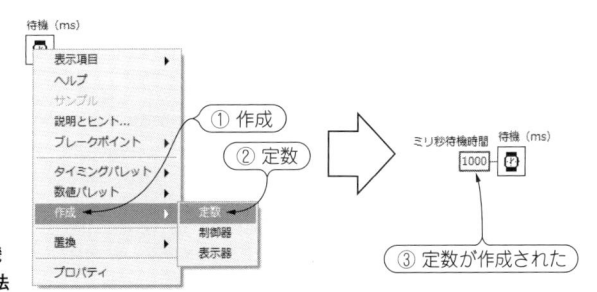

図4-5-5　待機(ms)関数からミリ秒待機時間の数値定数を作成する方法

4-5　シーケンスストラクチャ

## 4-6 Forループと出力配列

### 概要

LabVIEWであらかじめ決まった回数だけ反復して実行するときには，Forループを使用します．ここでは，Forループによる反復実行の方法とForループで作成される出力配列の特徴について学びます．

### 課題

図4-6-1は，Forループで乱数を繰り返し発生するプログラムです．Forループのフレームで囲まれた部分は，Forループの左上にあるカウント端子に与えられた回数だけ反復して実行されます．

Forループを作ると自動的にForループの内側に現れる反復端子は，現在の反復実行が何回目であるのかを教えてくれるものです．

図4-6-1に示すプログラムを以下に述べる順序で作成してください．Forループは，図4-6-2に示すようにブロックダイアグラム上で右クリックして現れる関数パレットから「関数パレット→プログラミングパレット→ストラクチャパレット→Forループ」にあるので，ブロックダイアグラムに置いてください．

Forループの左上にあるカウント端子に配線されている数値定数を作成するためには，図4-6-3に示すようにカウント端子の上にマウスを重ね，右クリックして現れるメニューから「定数を作成」を選択します．反復の回数は，5を与えてください．

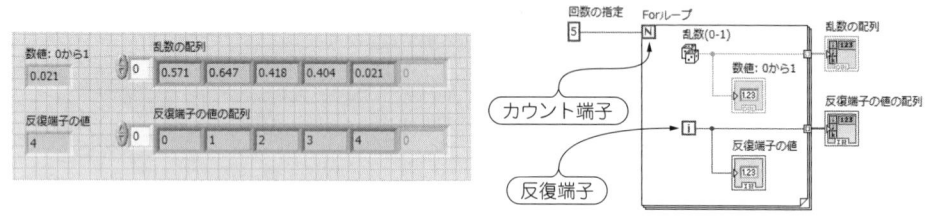

図4-6-1 Forループで乱数を繰り返し発生する方法

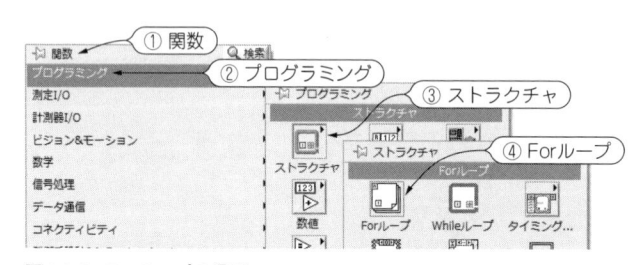

図4-6-2 Forループの場所

次に乱数関数をForループ内に配置したら，図4-6-4に示すように乱数関数からForループの右側のフレームに対してワイヤを配線してください．次に，Forループの右側のフレームに現れた接続部分の上にマウスを重ね，右クリックして現れるメニューから「作成→表示器」を選択すると，一次元の数値配列が作成されます．

　次に，Forループで乱数が発生するたびに数値の変化を確認できるように，図4-6-5に示すようにワイヤの上にマウスを重ね，右クリックして現れるメニューから「作成→表示器」を選択して，Forループ内に数値表示器を配置してください．

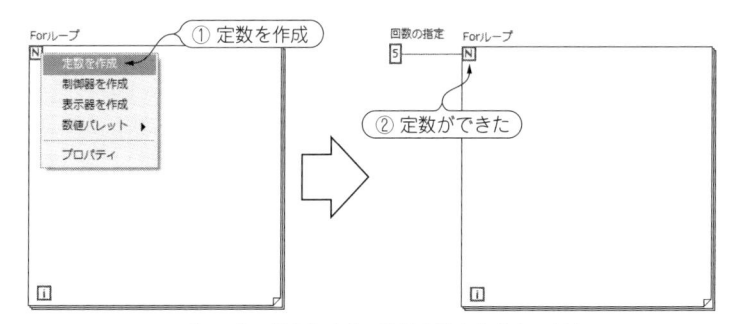

図4-6-3　Forループに反復回数を指定する数値定数を作成する方法

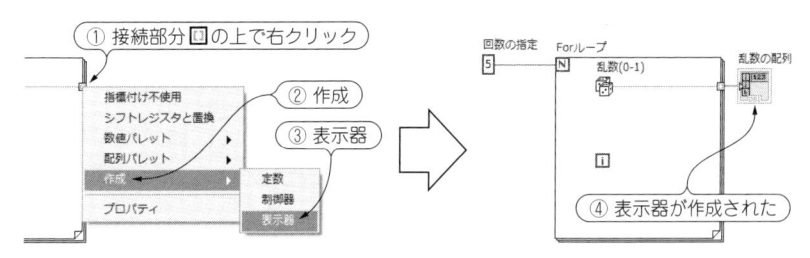

図4-6-4　Forループのフレームのワイヤ接続部分から表示器を作成する方法

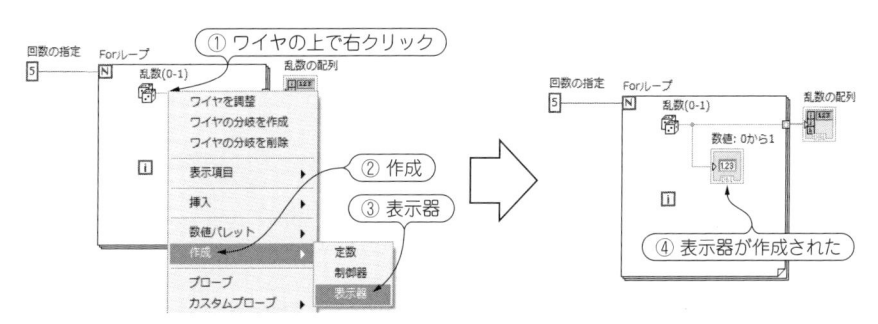

図4-6-5　ワイヤの上から表示器を作成する方法

4-6　Forループと出力配列

同様の手順で，反復端子にも数値表示器とその一次元配列を作成して，図4-6-1のプログラムを完成させてください．完成したら，Forループの動作をゆっくり観察できるように，ハイライト実行ボタンを押してから実行してください．

実行中は，図4-6-6に示す説明のように，フロントパネルに現在の乱数の値が表示され，さらに反復端子の値が0から4へ変化していくようすを確認してください．そして，Forループが指定された反復回数5回分を終えると，数値表示器の一次元配列に，5回分の乱数ならびに反復端子の数0，1，2，3，4が表示されます．反復端子の数は，1からではなく，0から開始されます．そのため，反復端子の数値が4ならば，Forループは5回実行されたことになるので注意してください．

Forループを使用する上で最も有益で大切なことは，Forループ内で発生したデータがForループのフレームに蓄えられ，それを配列として出力する特性があるということです．この動作は，何かの計測を繰り返して，順次，配列に値を格納するときに必要となる機能です．この機能のことを「指標付け使用」状態と呼びます．ここで，指標付け使用の状態が働くと，Forループから取り出すデータは，すべて配列化されてしまうことになりますが，配列化されると困る場合もあります．配列化することを防ぐためには，「指標付け不使用」の状態に設定することで対処します．

図4-6-7は，指標付け不使用にする方法を示しています．図4-6-7に示すように，一度，数値表示器

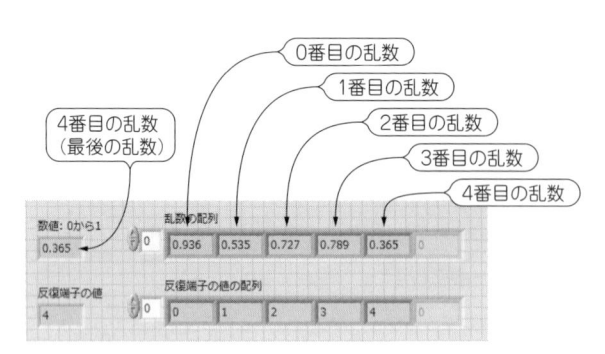

図4-6-6　実行後のフロントパネルのようす

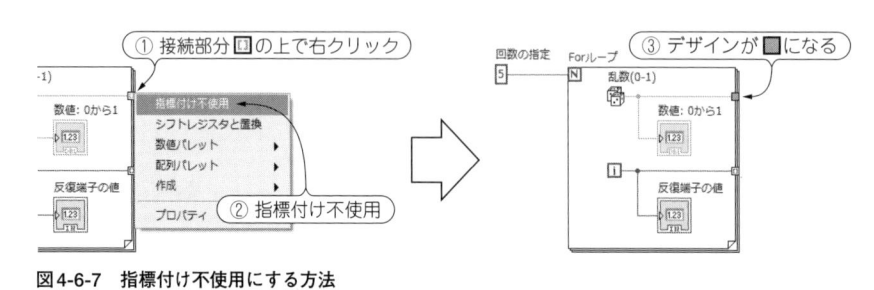

図4-6-7　指標付け不使用にする方法

## ポイント24 指標付けと配列の関係のまとめ

「指標付け使用」ならば配列として出力される
「指標付け不使用」ならば配列化されない．

の配列を削除してください．次に，Forループの右側のフレームにあるワイヤの接続部分の上にマウスを重ね，右クリックして現れるメニューから「指標付け不使用」を選択すると，接続部分のデザインが変化します．この状態で接続部分の上にマウスを重ね，**図4-6-8**に示すように右クリックして現れるメニューから「作成→表示器」を選択すると，配列ではない数値表示器が作成されます．

反復端子の出力に対しても，同様に指標付け不使用を選択し，**図4-6-9**に示すように数値表示器を作成してください．

**図4-6-9**のプログラムを実行してみると，Forループから出力される数値は，Forループが反復実行されたときの最後の値のみを出力する状態になります．

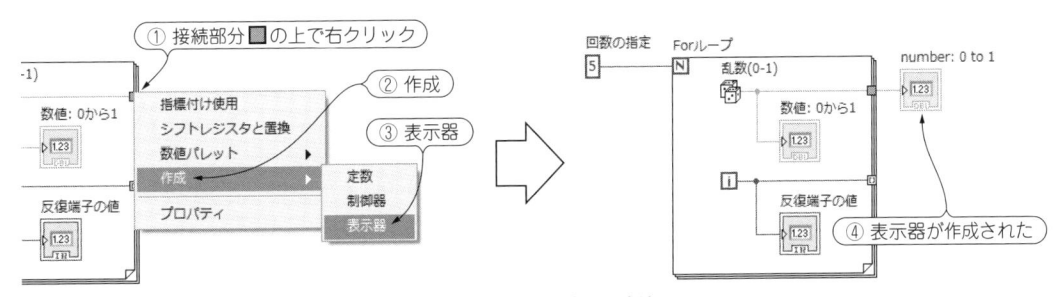

図4-6-8　Forループのフレームのワイヤ接続部分から表示器を作成する方法

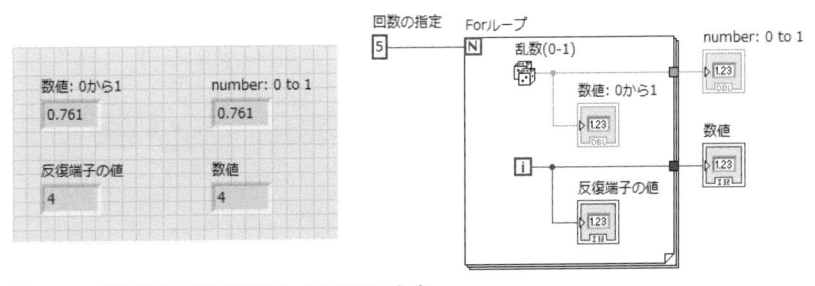

図4-6-9　指標付け不使用に設定したときのようす

4-6　Forループと出力配列

## 4-7 二重のForループと出力配列

### 概要

4-6節では，一つのForループで一次元配列が得られることを学びました．ここでは，Forループをさらに Forループで囲った二重のForループの場合は，どんな動作になるのかを学びます．

### 課題

図4-7-1は，Forループを二重にしたプログラムです．4-6節のプログラムを利用して，図4-7-1と同じプログラムを作成してください．ここでは，いずれも「指標付け使用」の状態にしてください．

外側を新しいForループで囲ったら，図4-7-2に示すように内側のForループのフレームにあるワイヤ接続部分から外側のフレームにワイヤを配線してください．次に，外側のForループのフレームに現れたワイヤ接続部分の上にマウスを重ね，右クリックして現れるメニューから「作成→表示器」を選択

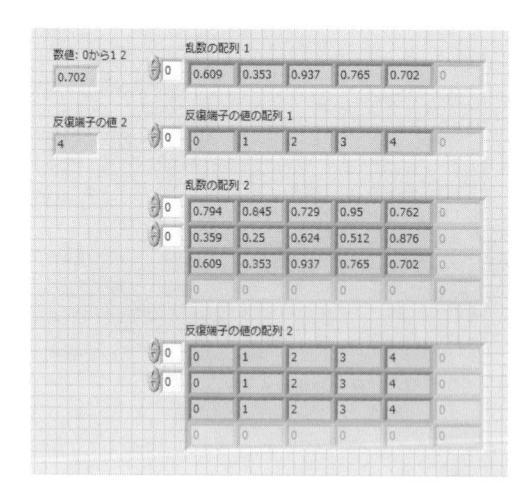

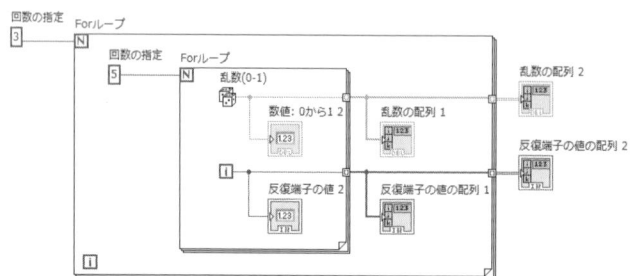

図4-7-1 二重のForループで乱数を繰り返し発生する方法

すると，二次元の数値配列が作成されます．

**図4-7-1**のプログラムが完成したら，Forループの動作をゆっくり観察できるように，ハイライト実行ボタンを押してから，実行してください．

**図4-7-3**は，実行後のフロントパネルのようすを解説したものです．まず，プログラムを実行すると，外側のForループが実行されますが，内側にもForループがあるので，内側のForループが先に反復実行を開始します．内側のForループは5回反復実行されるので，乱数の配列1というラベルが付いた数値表示器の一次元配列に要素5個分の乱数が表示されます．この内側のForループの一連の動作は，外側のForループによって3回反復実行されることになります．乱数の配列2というラベルが付いた数値表示器の二次元配列には，内側のForループで作られた要素5個分を含む一次元配列は，外側のForループの反復実行によって3回分がフレームに蓄えられることになるので，乱数の配列2というラベルが付いた数値表示器の二次元配列には，横5×縦3の要素が表示されることになります．

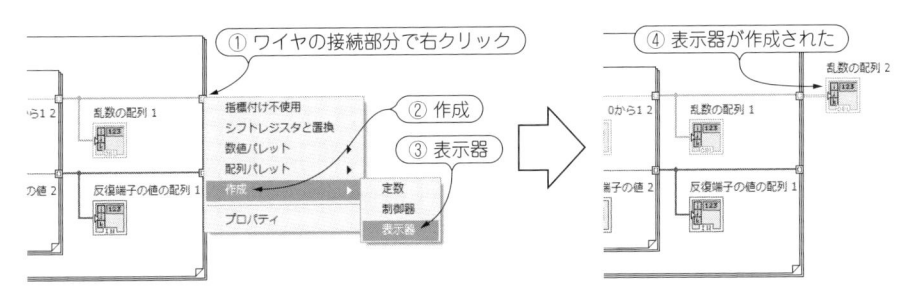

図4-7-2 外側のForループのワイヤ接続部分から表示器を作成

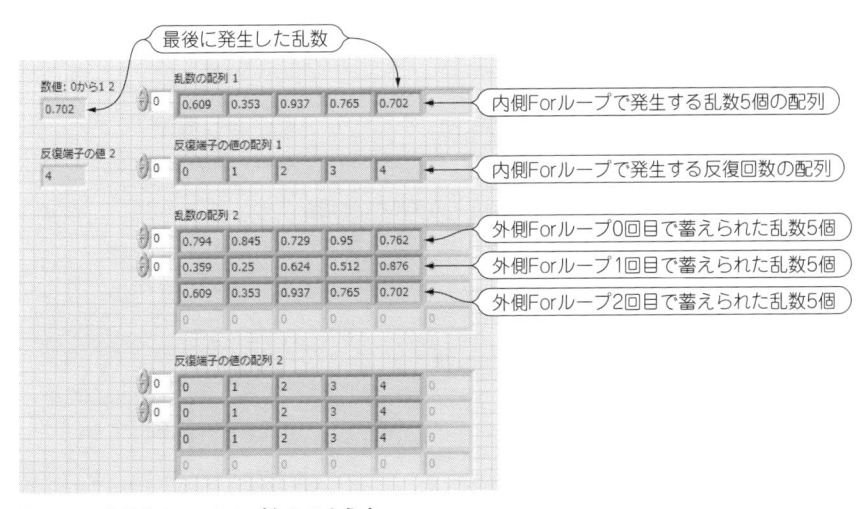

図4-7-3 実行後のフロントパネルのようす

4-7 二重のForループと出力配列

## 4-8 Forループと入力配列

### 概要

LabVIEWのForループは，カウンタ端子に数値を与えることで反復実行する回数を指定できました．LabVIEWのForループが持つもう一つの性質として，データとして入力された配列の要素数に応じて，自動的に反復する回数が決まるという特徴があります．ここでは，Forループの反復回数が配列の要素数に依存する性質を学びます．

### 課題

図4-8-1に示すブロックダイアグラムを作成してください．4-7節で作成したプログラムを利用するとよいでしょう．図4-8-1のプログラムでは，Forループに数値制御器の一次元配列がつながっていて，カウンタ端子には何も数値がつながっていないことに気が付いてください．

図4-8-1のプログラムを作成するには，数値制御器の一次元配列が必要です．数値制御器の一次元配列の作り方は，図3-1-3を参照してください．

図4-8-1のプログラムが完成したら，実行してみてください．図4-8-1に示すように数値制御器の配列の要素数が3であれば，Forループは3回反復する動作となり，反復端子の値は0，1，2になることを確認してください．このように，入力される配列の要素数に依存して，Forループの実行回数が決定する性質があります．

次に，図4-8-2に示すように，Forループの内側に数値の表示器を作成してください．数値表示器の

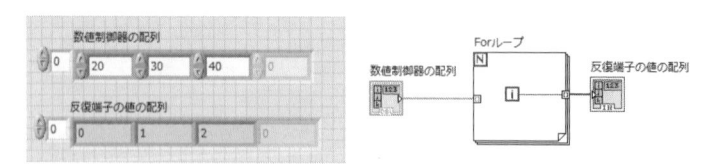

図4-8-1 Forループに一次元配列が入力されている場合

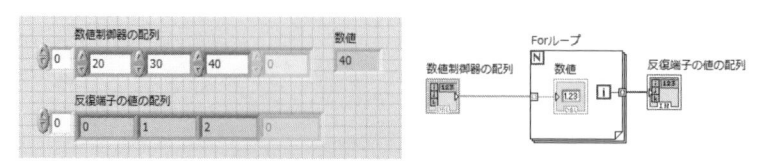

図4-8-2 Forループに一次元配列が入力され，内側に表示器がある場合

第4章 LabVIEWで使用する判断命令と繰り返し反復命令

作成方法は，図4-8-3に示すようにフレームにあるワイヤ接続部分の上にマウスを重ね，右クリックして現れるメニューから「表示器を作成」を選択してください．

図4-8-2のプログラムが完成したら，Forループの動作をゆっくり観察できるように，ハイライト実行ボタンを押してから，実行してください．数値表示器には，入力した数値配列の値が次々と一つずつ表示されることを確認してください．つまり，Forループに一次元配列を入力させると，Forループが反復実行されるたびに，配列内の要素を指標0からの順番で一つずつ取り出す働きがあることがわかります．そのために，要素数が3の配列をForループに配線すると，Forループは3回だけ反復実行することになります．この動作は，4-7節で学んだ「Forループの出力は配列になる」という働きと正反対の動作であることがわかります．この一連の動作を，さらに深く理解するために，今度は図4-8-4のプログラムを作成してください．

このプログラムは，Forループに一次元配列が入力されると，Forループの中では配列の中の要素が一つずつ取り出され，そしてForループの反復実行が終わると，再び要素は配列として組み立てられてForループから出力される戻っていくようすを示します．つまり，Forループは，配列の制御器と配列の表示器の間に置かれると，その配列の要素を取り出して，再び元通りに組み立てなおすという働きがあります．この性質は，数値配列に含まれるデータを取り出して数値解析するときに頻繁に使用される方法なので，しっかりと理解しておいてください．

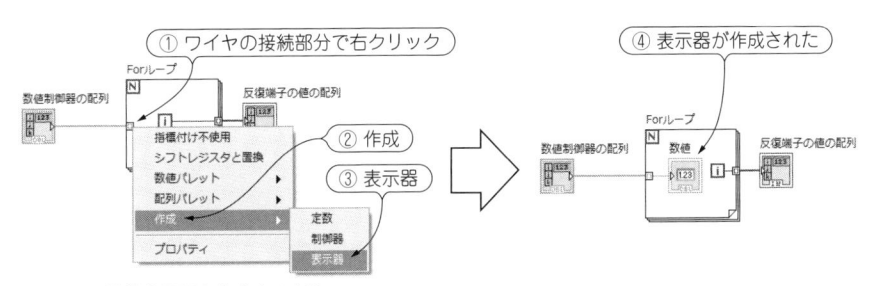

**図4-8-3** 数値表示器を作成する方法

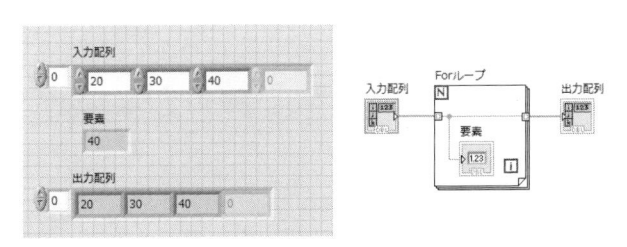

**図4-8-4** Forループに対する配列の入出力関係を理解するプログラム

4-8 Forループと入力配列

## 4-9　二重のForループと入力配列

### 概要

4-8節では，Forループに一次元配列を与えると，Forループが反復する回数は一次元配列の要素数に依存することを学びました．ここでは，二次元の配列を与えたForループは，どのように動作するのかについて学びます．

### 課題

図4-9-1に示すブロックダイアグラムを作成してください．4-9節で作成したプログラムを利用するとよいでしょう．

図4-9-1のプログラムを作成する上で気をつけなければならないことは，ブロックダイアグラムの一番左側にある入力配列(外側)は制御器属性ですが，これ以外はすべて表示器属性になっているという点です．ワイヤが破線になって，うまく配線できない場合は，配列が一次元であるか二次元であるかの指定が間違っているか，制御器属性，または表示器属性の指定が間違っている状態です．制御器属性を表示器属性に変更したい場合は，図1-11-4を参照してください．

図4-9-1のプログラムが完成したら，実行してみてください．必要があれば，ハイライト実行ボタンを押してから，実行してください．プログラムを実行すると，外側のForループが実行され，入力配列(外側)から横方向に一次元配列として取り出され，入力配列(内側)に表示されます．入力配列(内側)

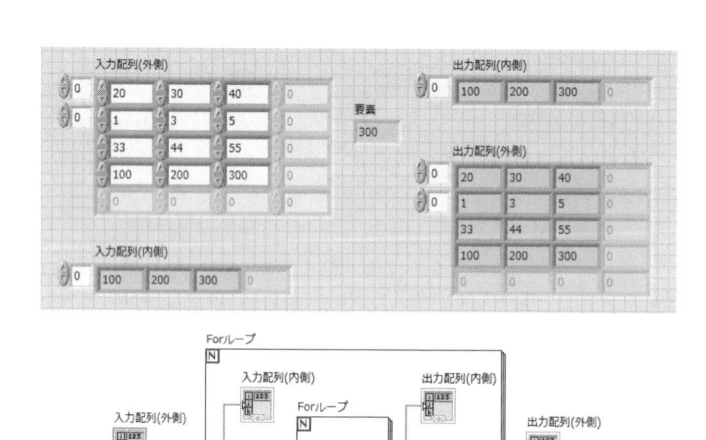

図4-9-1　二重のForループに二次元配列が入力されている場合

## ポイント25　Forループの反復回数の優先度

　Forループは，反復回数入力端子に数値を与えることで反復回数を指定できることを学びました．さらに，Forループは入力された配列によって反復する回数が決定することも学びました．それでは，Forループの反復入力端子に数値を与え，さらに配列を入力させた場合は，どのような状態で反復実行することになるでしょうか．

　**図4-9-2**は，Forループの反復入力端子に反復回数指定する数値5を与え，さらに三つの要素を含む一次元配列を入力させたプログラムです．Forループは，反復回数が少ないほうが優先される性質を持っているので，反復回数は3回になります．もし，反復回数が5回だとしたら，入力した配列から要素を取り出せなくなってしまうことになるので，プログラムの流れが破たんしてしまうことになります．そのため，反復回数が少ないほうが優先されます．

　**図4-9-3**は，要素数が異なる二つの一次元配列がForループに入力されている状態です．この場合も，要素数が多いほうを反復回数にしてしまうと，要素数が少ない配列からは要素が取り出せなくなる状態になってしまうので，それを防ぐためにも，反復回数が少ないほうが優先されるので，反復回数は5回になります．

図4-9-2
反復入力端子に数値5を与え，さらに三つの要素を含む一次元配列を入力させた場合

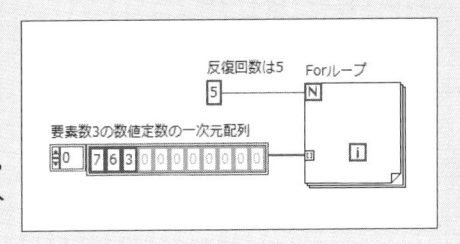

図4-9-3
要素数が異なる二つの一次元配列をForループに入力させた場合

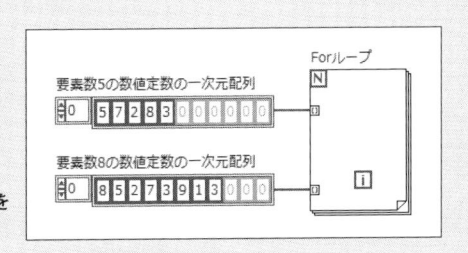

は，内側のForループによって要素として取り出されます．したがって，内側のForループの反復回数は3回になります．外側のForループの反復回数は4回になる点に注意してください．つまり，横3×縦4の要素を含む二次元配列を二重のForループに配線すると，外側のForループは縦4の要素数にしたがって反復回数が4回になり，内側のForループは横3の要素数にしたがって反復回数が3回になります．

# 4-10 Whileループと出力配列

## 概要

4-9節で学んだForループは，あらかじめ反復する回数を指定して使用するものでした．ある条件になるまで，絶え間なく反復実行させる場合には，Whileループを使用します．ここでは，Whileループの使い方と反復させる条件について学びます．

## 課題

図4-10-1は，Whileループで乱数を繰り返し発生するプログラムです．Whileループのフレームで囲まれた部分は，Whileループの反復条件端子に入力されるブールの値がFALSEからTRUEに変化するまで反復実行します．Whileループを設定すると自動的にフロントパネルに停止ボタンが現れますが，この停止ボタンは反復条件端子につながっており，停止ボタンを押すとWhileループは停止します．なお，Whileループを作ると，Forループの場合と同様に反復端子が現れます．

図4-10-1に示すプログラムを以下に述べる順序で作成してみてください．Whileループは，図4-10-2に示すようにブロックダイアグラム上で右クリックして現れる関数パレットから「関数パレット→Expressパレット→実行制御パレット→Whileループ」にあるので，ブロックダイアグラムに置いてください．

Whileループの中にある**待機（ms）関数**は，Whileループの反復を1秒ごとに実行させるために配置したものです．**待機（ms）関数**の場所は，図4-5-4を参照してください．

Whileループのフレームにおける指標付けは，通常，指標付け不使用の設定になっています．そのた

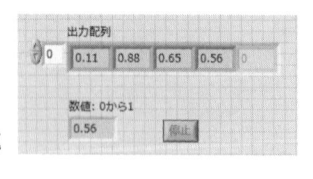

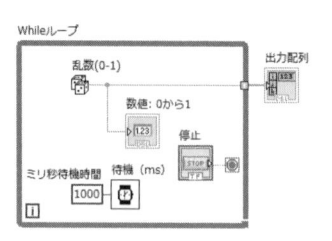

図4-10-1
Whileループで乱数を繰り返し発生する方法

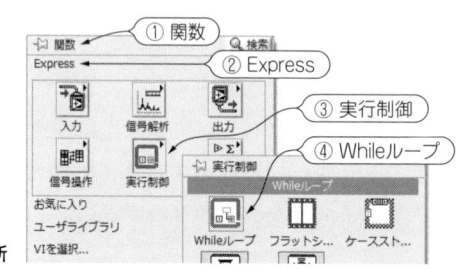

図4-10-2
Whileループの場所

> **ポイント26 発生した乱数の履歴を常に表示するには**
>
> このプログラムを実行してみると，1秒間に1個ずつ乱数が発生し，その数値が表示されますが，これまで得られた数値の履歴を見られるのはWhileループを止めたときです．そこで，得られた乱数の履歴を常に数値配列として表示させる方法（トレンドデータの表示方法と言う）は，次の節で説明するシフトレジスタのところで紹介します．

め，Whileループの中で発生した乱数を配列として出力するためには，指標付けを使用する状態に設定しなければなりません．まず，**乱数関数**（場所は図1-8-2を参照）をWhileループ内に配置したら，**図4-10-3**に示すように**乱数関数**からWhileループの右側のフレームに対してワイヤを配線してください．次にWhileループのフレームに現れたワイヤ接続部分の上にマウスを重ね，右クリックして現れるメニューから「指標付け使用」を選択して，指標付けを使用する状態にしてください．

次に，**図4-10-4**に示すようにWhileループのフレームにできたワイヤ接続部分の上にマウスを重ね，右クリックして現れるメニューから「作成→表示器」を選択して，数値表示器の配列を作成してください．そして，**図4-10-1**のプログラムの完成を目指してください．

**図4-10-1**に示すプログラムが完成したら，実行して，約3秒後にフロントパネルにある停止ボタンをクリックしてください．停止ボタンを押すと，停止ボタンがFALSEからTRUEの状態に変化するため，Whileループは停止し，フロントパネルの出力配列に4個程度の乱数が表示され，プログラムが停止します．

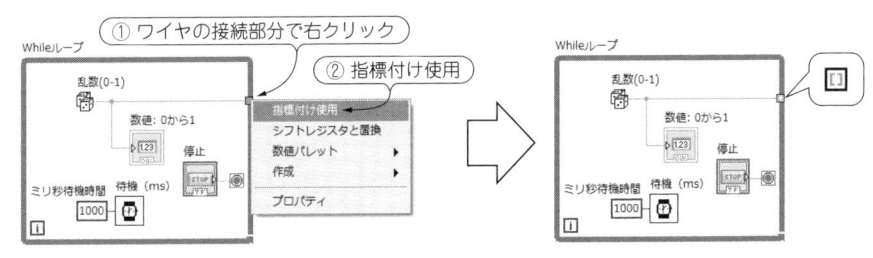

**図4-10-3 指標付け使用にする方法**

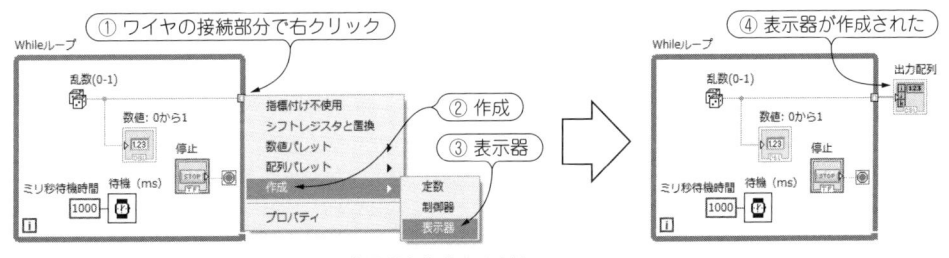

**図4-10-4 Whileループのフレームから表示器を作成する方法**

4-10 Whileループと出力配列

## 4-11　Whileループとシフトレジスタ

### 概要

WhileループやForループの中で反復実行されるデータを保存する機能としてシフトレジスタがあります．シフトレジスタは，WhileループまたはForループのどちらであっても，同一の操作方法を使用できます．ここでは，Whileループに対しシフトレジスタを用いて，発生した乱数の履歴を常に表示させる方法について学びます．

### 課題

図4-11-1は，Whileループで乱数を繰り返し発生するプログラムにシフトレジスタを加えて，常に発生した乱数の履歴を表示できるようにしたプログラムです．4-10節で作成したプログラムに対して，以下に述べる修正を加えて，図4-11-1を作成してください．

まず，シフトレジスタを配置させる前に，図4-11-2に示すように，Whileループの中にある**乱数関数**とWhileループの外側にある出力配列を結んでいるワイヤを削除してください．

次にシフトレジスタを配置します．シフトレジスタは，図4-11-3に示すようにWhileループのフレームの右側の上にマウスを重ね，右クリックして現れるメニューから「シフトレジスタを追加」を選択することで現れます．

次に図4-11-4に示すように，Whileループの中に**配列連結追加関数**を置いて，ワイヤでシフトレジス

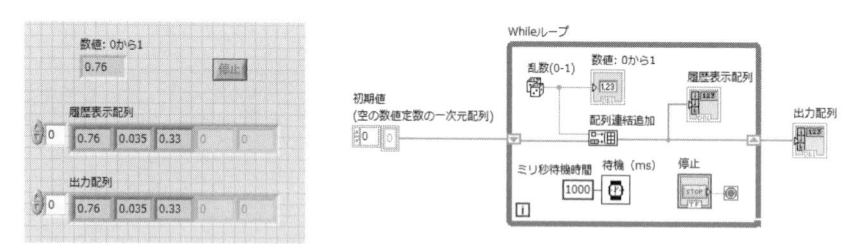

図4-11-1　Whileループにシフトレジスタを加えて乱数の履歴を常に表示できるようにしたプログラム

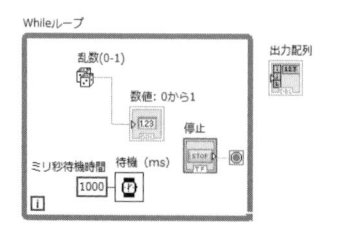

図4-11-2　不要なワイヤを削除したようす

タと出力配列へ配線します．**配列連結追加関数**は，「関数パレット→プログラミングパレット→配列パレット→配列連結追加」にあります（詳細は図3-3-3を参照）．

次に，図4-11-1のブロックダイアグラムの一番左側にある初期値というラベルが付いた空の数値定

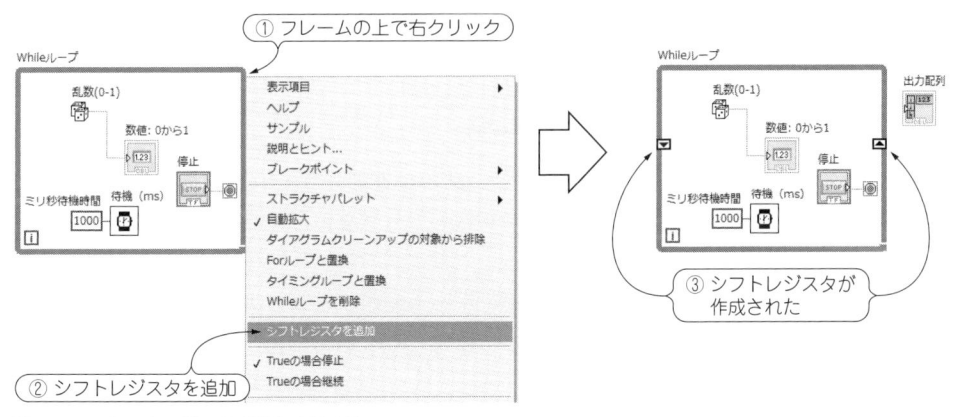

**図4-11-3　シフトレジスタを追加する方法**

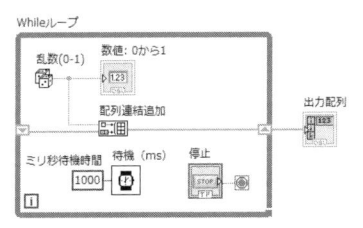

**図4-11-4　配列連結追加関数を配置させてワイヤで配線したようす**

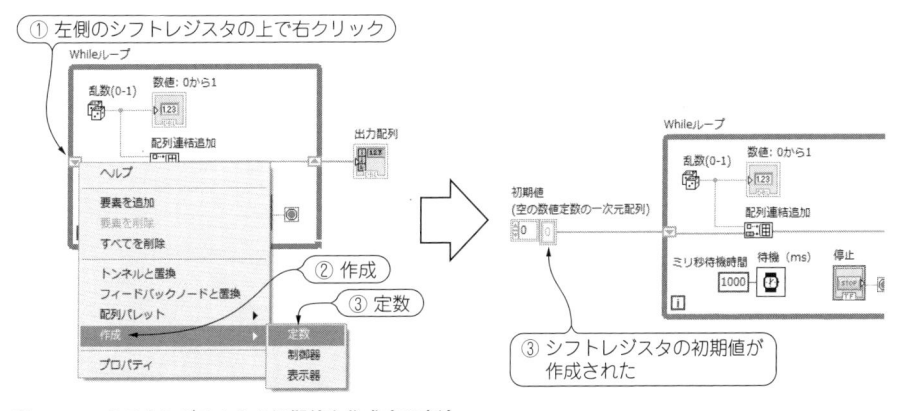

**図4-11-5　シフトレジスタから初期値を作成する方法**

4-11　Whileループとシフトレジスタ

数の一次元配列を作成します．この数値定数の一次元配列は，図4-11-5に示すように，左側にあるシフトレジスタの上にマウスを重ね，右クリックして現れるメニューから「作成→定数」を選択することで作成できます．

次に，発生した乱数の履歴を表示できるように，Whileループの中に数値表示器を作成します．数値表示器は，図4-11-6に示すように，**配列連結追加関数**の出力側のワイヤの上にマウスを重ね，右クリックして現れるメニューから「作成→表示器」を選択することで作成できます．必要に応じて，ラベルや体裁を整えてください．

図4-11-1と同じプログラムを完成させたら，実行してみてください．フロントパネルに発生した乱数が表示され，さらに履歴表示配列には，順次新しい乱数が追加されていくようすを確認してください．そして，フロントパネル上の停止ボタンを押してWhileループを停止させると，出力配列にこれまで発生した乱数が表示されることを確認してください．

以上により，シフトレジスタで常に履歴を表示しながら反復実行する方法がわかりました．次に，シフトレジスタの動作について，詳細を説明します．理解しやすいように，簡略化したブロックダイアグラムで説明します．

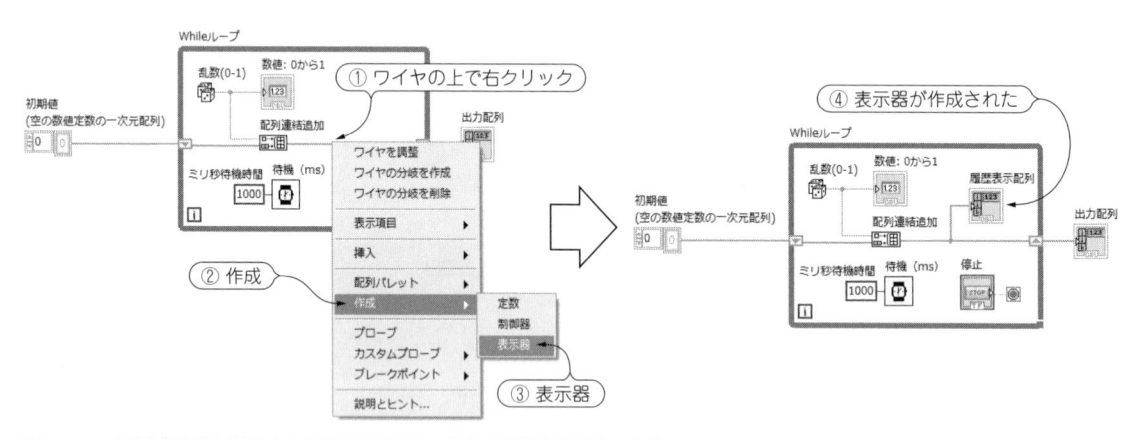

図4-11-6　配列連結追加関数の出力側のワイヤから数値表示器を作成する方法

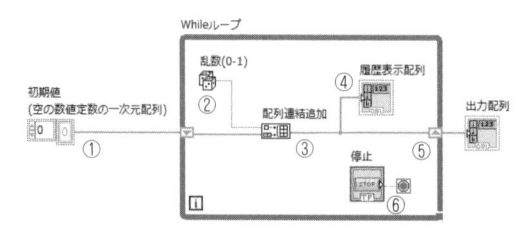

図4-11-7　Whileループにおける反復実行1回目のシフトレジスタの動作

① 図4-11-7において，プログラムを実行すると，初期値というラベルが付いた空の数値定数の一次元配列は左側のシフトレジスタに，空の一次元配列を入力します．
② 図4-11-7において，空の一次元配列が入力されると，Whileループが1回目の反復実行を開始します．Whileループでは，乱数が発生します．
③ 図4-11-7において，発生した乱数は**配列連結追加関数**に入力されます．同時に**配列連結追加関数**には，左側のシフトレジスタから空の一次元配列が入力されるので，**配列連結追加関数**の出力は乱数が1個だけ含まれた一次元配列となります．
④ 図4-11-7において，履歴表示配列は，**配列連結追加関数**の出力をフロントパネルに表示します．
⑤ 図4-11-7において，右側のシフトレジスタには，**配列連結追加関数**の出力が配線されているので，乱数が1個だけ含まれた一次元配列が右側のシフトレジスタに格納されます．
⑥ 図4-11-7において，フロントパネルにある停止ボタンが押されていなければ，停止ボタンのブール値はFALSEの状態になるので，Whileループは反復して実行すると判断します．
⑦ 図4-11-7において，Whileループは反復実行の状態にあるので，初期値を読み込むことはしません．反復実行時の左側のシフトレジスタには，直前の反復実行時に右側のシフトレジスタに格納されたデータが入っている状態になっています．つまり，乱数が1個だけ含まれた一次元配列が左側のシフトレジスタに格納されている状態になっています．
⑧ 図4-11-8において，Whileループが2回目の反復実行で動き出します．Whileループでは，2回目の乱数が発生します．
⑨ 図4-11-8において，発生した乱数は**配列連結追加関数**に入力されます．同時に**配列連結追加関数**には，左側のシフトレジスタから乱数が1個だけ含まれた一次元配列が入力されるので，**配列連結追加関数**の出力は合計2個の乱数が含まれた一次元配列となります．
⑩ 図4-11-8において，合計2個の乱数が含まれた一次元配列は，履歴表示配列に表示されます．
⑪ 図4-11-8において，右側のシフトレジスタには，合計2個の乱数が含まれた一次元配列が格納されます．
⑫ 図4-11-8において，フロントパネルにある停止ボタンが押されていなければ，停止ボタンの

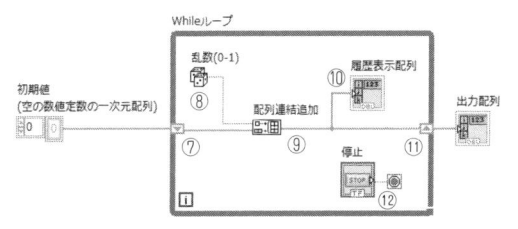

図4-11-8 Whileループにおける反復実行1回目のシフトレジスタの動作

4-11 Whileループとシフトレジスタ

### ポイント27　シフトレジスタの要素を追加

　左側のシフトレジスタの上にマウスを重ね，右クリックして現れるメニューから「要素を追加」とすると，左側のシフトレジスタだけを増やせます．これはさらに過去のデータを取り出せるという機能があり，**図4-11-9**の場合は，反復実行において1回前のデータ，2回前のデータ，3回前のデータを引き出せます．

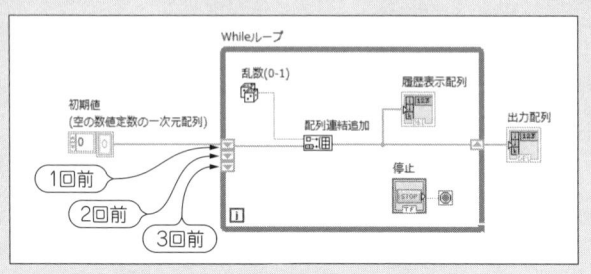

図4-11-9　左側のシフトレジスタだけが増えた状態

　ブール値はFALSEの状態になるので，Whileループは反復して実行すると判断します．これらの動作を繰り返すことで，シフトレジスタには乱数が格納されることになるので，Whileループ内に表示器を置けば，発生した履歴を配列として表示できます．

　以上がシフトレジスタの動作になります．計測したり，データを解析するときは，シフトレジスタを使いこなせることが必須となるので，しっかりと理解してください．

## ポイント28　シフトレジスタに初期値を与えない場合

　今回作成したブロックダイアグラムは，空の数値定数の一次元配列がシフトレジスタの初期値として与えられていましたが，**図4-11-10**に示すように初期値を削除した状態でもプログラムとしては正常に動作します．ただし，初期値を削除した場合は，一度目のプログラムの実行時は空の初期値が与えられますが，二度目のプログラム実行時には，1度目のプログラム実行時に得られた乱数がそのまま左側のシフトレジスタに残った状態で引き続き実行されることになります．同様に，三度目のプログラム実行時には，二度目のプログラム実行時までに得られた乱数が残った状態になります．この状態は，LabVIEWを再起動するまで引き継がれます．

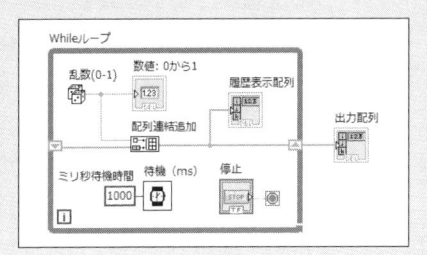

図4-11-10
シフトレジスタに初期値を
与えない場合

## ポイント29　フィードバックノードと置換

　LabVIEWのシフトレジスタと同じ動作をする機能として，フィードバックノードがあります．フィードバックノードを使用したいときは，**図4-11-11**に示すように，シフトレジスタの上にマウスを重ね，右クリックして現れるメニューから「フィードバックノードと置換」を選択します．左側にある接続部分は，フィードバックノードを使用したときに初期値を与えるための入力端子になります．シフトレジスタを多用すると，ワイヤが増えるため，簡素化したいときはフィードバックノードに置き換えることができますが，初期値とのワイヤが消えるため，初期値がどこに定義されているのかがわかりにくくなる点もあるので，好みで使い分けてください．

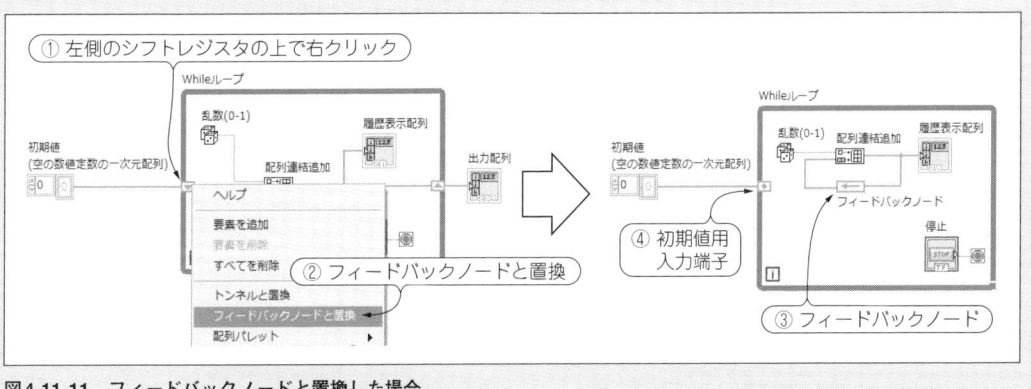

図4-11-11　フィードバックノードと置換した場合

4-11　Whileループとシフトレジスタ

# 4-12 WhileループとForループの互換性

## 概要

これまでにForループとWhileループの使い方について学んできました．ここでは，Whileループを使用してForループと同等の機能を持たせる方法について学びます．

## 課題

### (1) WhileループでForループと同じように反復実行する回数を指定する方法

図4-12-1は，Whileループを使ってForループと同じように反復実行する回数を指定する方法を示しています．このブロックダイアグラムでは，図4-1-4で使用した比較関数を使用しており，反復端子の値が数値制御器の値以上ならば，ブール値がFALSEからTRUEへ変化するので，Whileループが停止します．反復端子の値は0から始まるので，**インクリメント関数**を使用して＋1加算することにより実際の反復回数に修正しています．このブロックダイアグラムでは，数値制御器の表記法をI32（倍長整数）に設定しています．数値制御器の表記法は，DBL（倍精度）であっても動作しますが，小数点を含むことができるDBL（倍精度）では反復する回数に誤差が発生する場合があるので，I32（倍長整数）のように整数を使用するようにします．

### (2) Whileループに入力する配列の要素数で反復実行する回数を決める方法

図4-12-2は，WhileループをForループと同じように入力する配列の要素数で反復実行する回数を決める方法を示しています．このブロックダイアグラムでは，配列の大きさを**配列サイズ関数**（詳細は図3-7-8を参照）で数値制御器の値と比較し，数値制御器の値と同じになったら，ブール値がFALSEからTRUEへ変化するので，Whileループが停止します．前述の場合と同じように，**インクリメント関数**は，反復端子の値を実際の反復回数に修正するために使用しています．

### (3) 反復回数の指定および停止ボタンも使えるWhileループの使用方法

図4-12-3は，あらかじめ指定した反復回数に到達すればWhileループは停止しますが，反復実行を続けている途中でフロントパネルの停止ボタンを押してもWhileループを停止できるプログラムです．ここで使用している**待機(ms)関数**（詳細は図4-5-4を参照）は，動作をゆっくり観察できるように置いてあります．この方法は，あらかじめ決まった回数だけ測定をしている最中に，なんらかのエラーが生

図4-12-1　反復回数を指定する方法

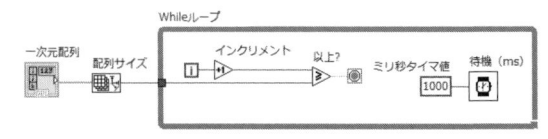

図4-12-2　配列の要素数で反復回数を決める方法

## ポイント30　ForループとWhileループのどちらがよいのか

　Whileループは条件で反復するかどうかが決定されるのに対して，Forループは定められた反復回数を必ず実行しなければならないという特徴があります．そのため，もしプログラムの途中でエラーが起きるような場合は，図4-12-3で示したように，複数の反復条件をプログラムできるWhileループが有利です．しかし，ForループとWhileループのメモリ使用量を比較すると，Whileループでは反復する条件を満たしているかどうかを確認する動作が含まれるため，Whileループのほうが多くのメモリを消費します．そこで，エラーが起きない部分にはForループを使用し，エラーが起きたり途中で止めたりしたい部分にはWhileループを使うようにします．

　なお，本書ではWhileループ内でシフトレジスタを使用する方法について述べましたが，Forループであっても同一操作でシフトレジスタを使用することができます．

## ポイント31　制御器はWhileループの外側に置くべきか内側に置くべきか

　図4-12-1では，数値制御器がWhileループの内側に置かれています．図4-12-4では，数値制御器がWhileループの外側に置いてあります．どちらのブロックダイアグラムであっても，フロントパネルの数値制御器に入力した回数で反復を停止します．しかし，根本的に機能として違う点があります．図4-12-1は，Whileループが反復実行するたびに，数値制御器の値がいくつであるかどうかをチェックしています．しかし，図4-12-4は，Whileループが実行する前に一度だけ数値制御器の値を読み込みます．したがって，Whileループが反復実行している間に数値制御器の値を変更すると，図4-12-1では数値の変更がブロックダイアグラム内に反映されますが，図4-12-4では数値の変更がブロックダイアグラム内に反映されません．

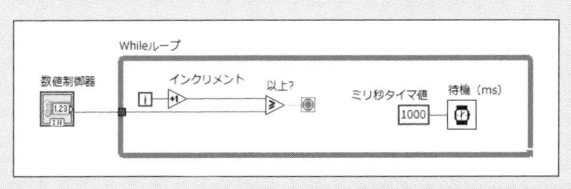

図4-12-4　Whileループの外側にある数値制御器で反復回数を指定する方法

じてしまった場合等で停止させたいときに使用できます．

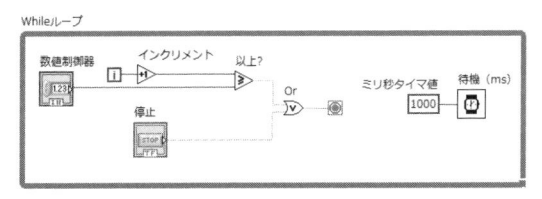

図4-12-3　反復回数の指定および停止ボタンも使えるWhileループの使用方法

## ポイント32　停止ボタンを押してから実際に停止するまでが遅いのはなぜ

　これまでWhileループ内に**待機(ms)関数**を使用するプログラムを作成し，実行してきました．何度か実行していると，1000ミリ秒を待機させるプログラムばかりなので，Whileループの停止ボタンを押すと1秒以内に停止すると思うのですが，実際にはWhileループが停止するまでの反応が遅いことがあり，2秒ぐらいかかってしまうことがあります．これはLabVIEWがWhileループの反復実行開始時に，すぐにボタンが押されたかどうかをチェックしているために生じる現象です．例えば，**図4-12-5**に示すように1秒待つように設定したとしましょう．

- Whileループが1回目の反復実行をする
- 停止ボタンが押されたかどうかをチェックし，押されていないから反復実行することを決定する
- 次に1秒間待機する．この1秒間の間にユーザが停止ボタンを押したとする
- 1秒が経過したので，Whileループの1回目の反復実行を終える
- Whileループが2回目の反復実行をする
- 停止ボタンが押されたかどうかをチェックし，この時点で先ほど停止ボタンが押されたことが判明する
- 次に1秒間待機する
- 1秒が経過したので，Whileループの2回目の反復実行を終える

　このような動作になるため，ボタンを押してから反復実行を終えるまでに最小1秒，最大2秒かかるこ

とになります．

　これを防ぐためには，イベントストラクチャという機能を使う方法がありますが，LabVIEW をしばらく使った経験がないと難しく感じられるので，本書では説明いたしません．その代わり，本書では，LabVIEW のプログラミング特有のデータフローという考え方を正しく理解してもらうため，停止ボタンが押されたかどうかをチェックするタイミングを変える方法で対処できることを説明します．

　**図 4-12-6** に示すのは，**待機（ms）関数**の実行が終わって，**待機（ms）関数**の出力がシーケンスストラクチャに入力されてから，停止ボタンが押されたかどうかをチェックするようにしたプログラムであり，停止ボタンを押してから While ループが停止するまでの時間が短くなっています．ぜひ，試してみてください．

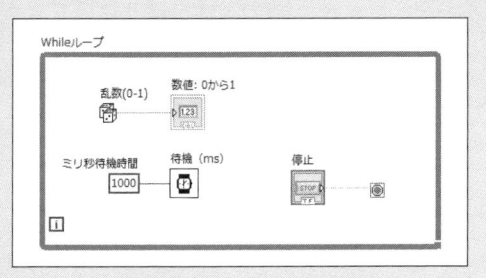

図 4-12-5　通常の While ループの使用方法

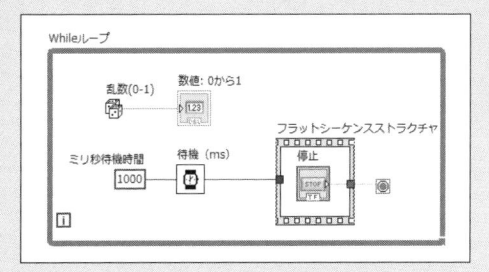

図 4-12-6　停止ボタンを押してから，すぐに While ループが停止するように改善した方法

## 4-13　第4章の章末問題

(1) Forループを使用して，0～1までの範囲の乱数を10個発生させ，一次元配列として表示させてください．また，その中で0.5以上の値のみを取り出した一次元配列を表示させてください．

(2) Whileループとシフトレジスタを使用して，LEDブール表示器の色が1秒ごとに点滅するプログラムを作成してください．

(3) 1秒間ごとに乱数を発生させ，乱数が配列として5個表示されたら，これまでの乱数データをクリアにして，再び1秒間ごとに乱数を発生させて表示させるという一連の動作を繰り返すプログラムを作成してください．

# 第5章
# LabVIEWの波形表示方法

本章では，得られたデータを表示するときに使用する各種グラフの取り扱い方法について学びます．

### ▶ 本章の目次 ◀

- 5-1　波形チャート
- 5-2　波形チャートに二系列のデータを表示させる方法
- 5-3　波形チャートの履歴データを自動的にクリアにする方法
- 5-4　波形チャートの横軸を時間軸として使用する方法
- 5-5　波形グラフ
- 5-6　波形グラフと横軸の座標
- 5-7　波形グラフのトレンドデータ表示方法とプロパティノード
- 5-8　XYグラフ
- 5-9　強度グラフ
- 5-10　強度グラフのカラーバーをプロパティノードで変更する方法
- 5-11　3Dグラフ
- 5-12　第5章の章末問題

# 5-1 波形チャート

**概要**

現在の温度変化を表示するグラフのように，次々と新しいデータが入ってきたら，波形を更新して表示するグラフを波形チャートと呼びます．ここでは，乱数を発生させて，そのデータを波形チャートに表示させる方法を学びます．

**課題**

図5-1-1は，Whileループで乱数を繰り返し発生するプログラムに波形チャートを加えたプログラムです．以下の順序にしたがって，図5-1-1を作成してください．

波形チャートは，図5-1-2に示すように，フロントパネル上で右クリックして現れる制御器パレットから「制御器パレット→Expressパレット→グラフ表示器→波形チャート」にあるので，フロントパネルに配置してください．

Whileループは，ブロックダイアグラム上で右クリックして現れる関数パレットから「関数パレット

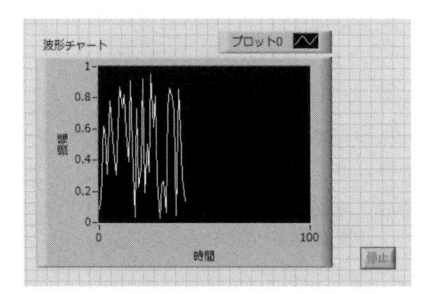

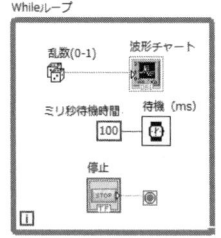

図5-1-1 乱数を波形チャートで表示する方法

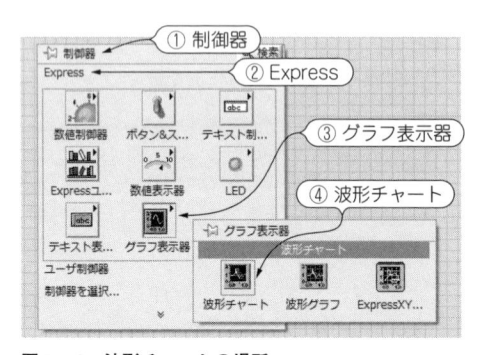

図5-1-2 波形チャートの場所

118　第5章　LabVIEWの波形表示方法

## ポイント33　自動スケールを解除する方法

波形チャートの縦軸は，自動的にフィットさせる自動スケール設定です．**図5-1-3**に示すように，波形チャートの縦軸（Y軸）付近で右クリックして現れるメニューから「✓自動スケール」を選んで✓マークをはずすことにより，自動スケールは無効になります．

これらの座標の変更方法は，のちほど説明する波形グラフやXYグラフにおいても，同様に操作することができます．

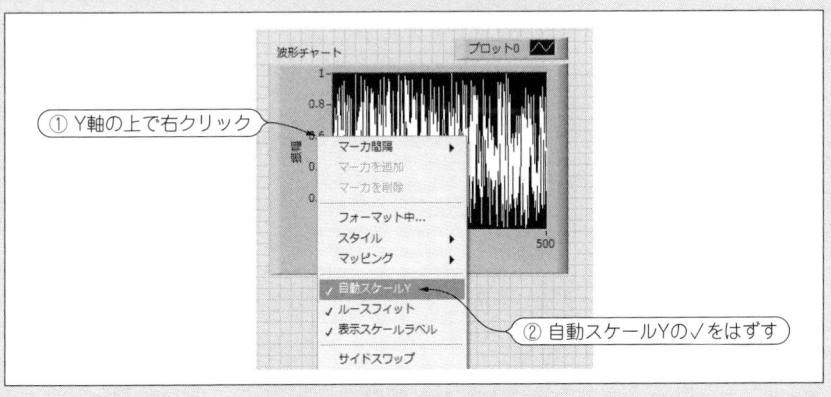

**図5-1-3　縦軸の自動スケールを無効にする方法**

→Expressパレット→実行制御パレット→Whileループ」にあるので，ブロックダイアグラムに配置してください．

**乱数関数**は，ブロックダイアグラム上で右クリックして現れる関数パレットから「関数パレット→Expressパレット→Express数値パレット→乱数」にあるので，ブロックダイアグラムに配置してください．

**待機（ms）関数**は，ブロックダイアグラム上で右クリックして現れる関数パレットから「関数パレット→プログラミングパレット→タイミングパレット→待機（ms）」にあるので，ブロックダイアグラムに配置してください．

ミリ秒待機時間の数値定数は，**待機（ms）関数**の左半分側にマウスを重ね，右クリックして現れるメニューから「作成→定数」を選択すると作成できます．数値は，0.1秒待機するように100ミリ秒を指定してください．

**図5-1-1**に示すように体裁を整え，ワイヤを配線して完成させてください．

完成したならば，実行してみてください．乱数が発生し，その数値が波形チャートに表示され，横方向にスクロールしていくようすを確認してください．

## ポイント34　波形チャートの履歴を削除する方法

**図5-1-4**に示すように，波形チャートの中心付近で右クリックして現れるメニューから「データ操作→チャートをクリア」を選択すれば，プロットの履歴を削除できます．

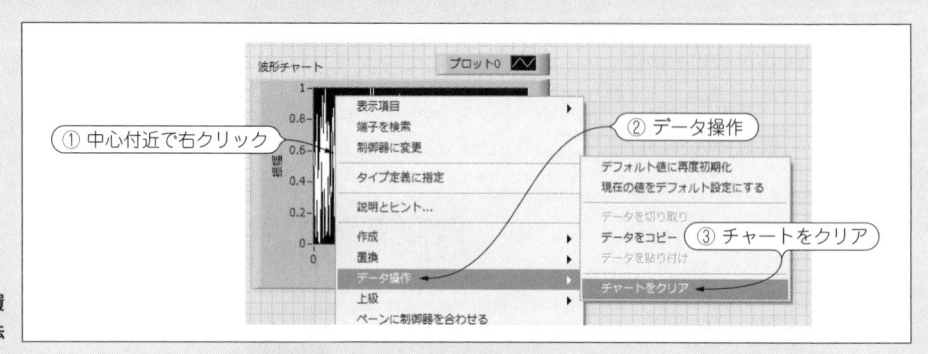

図5-1-4
波形チャートの履歴を削除する方法

## ポイント35　波形チャートの横軸と縦軸の変更方法

波形チャートの横軸は，デフォルト設定で100になっているので，100個分のデータを表示できる状態です．横軸に表示するデータ数を変更する場合は，**図5-1-5**に示すようにラベリングツールで，設定したい数値を入力してください．しかし，履歴として残せるデータ数はデフォルト設定で1024個になっていて，これ以上のデータを表示できません．履歴として残せる数を変更するときは，**図5-1-6**に示すように，波形チャートの中心付近で右クリックして現れるメニューから「チャート履歴の長さ」を選択して，変更してください．

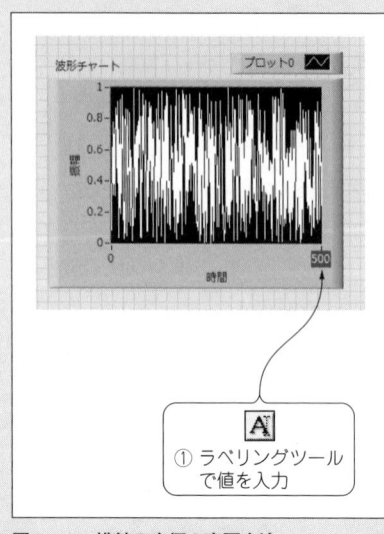

図5-1-5　横軸の座標の変更方法

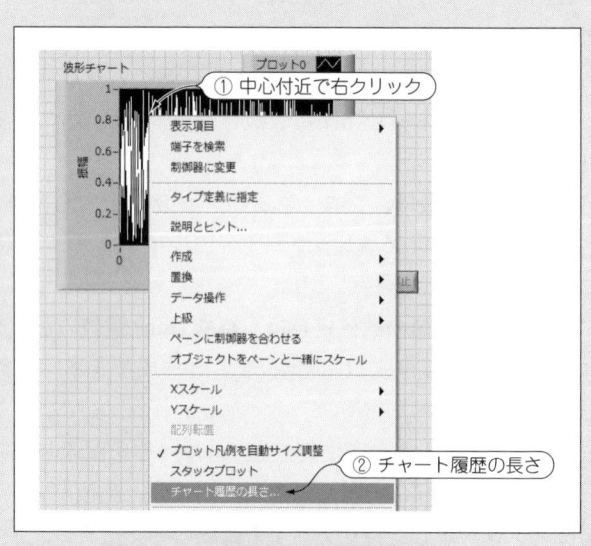

図5-1-6　波形チャートの履歴の長さを変更する方法

第5章　LabVIEWの波形表示方法

## ポイント36　波形チャートのプロットの種類を変更する方法

　波形チャートのプロットの線の太さや色などを変更するときは，**図5-1-7**に示すように波形チャートの右上にあるプロット0と書いてある凡例の上で右クリックして現れるメニューを使用します．プロットの線を極端に太くすると，パソコンへの負荷が増えていくので，注意してください．

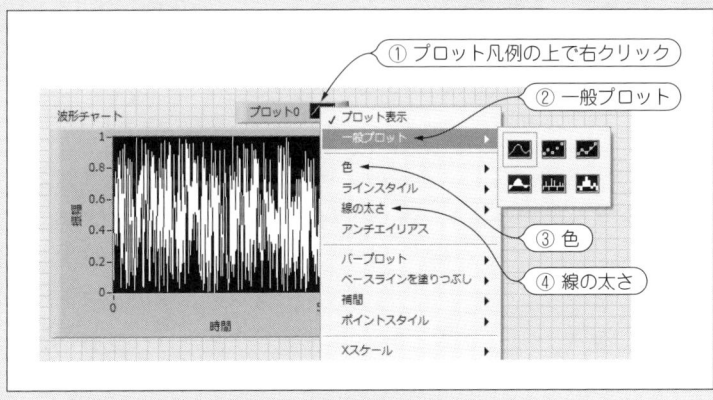

**図5-1-7　波形チャートのプロットの種類を変更する方法**

## ポイント37　波形チャートの更新モード

　プログラムを停止して，**図5-1-8**に示すように波形チャート上で右クリックして現れるメニューから「上級→更新モード→ストリップチャートまたはスコープチャートまたはスイープチャート」を選択すると，チャートの更新の仕方を変えることができます．これらの三つの違いは，新しいデータを描画するときは横方向にスクロールするか，新しいデータを描画するときは上書きされて表現されるかの違いです．興味があったら，どのように変わるのか確認してみてください．

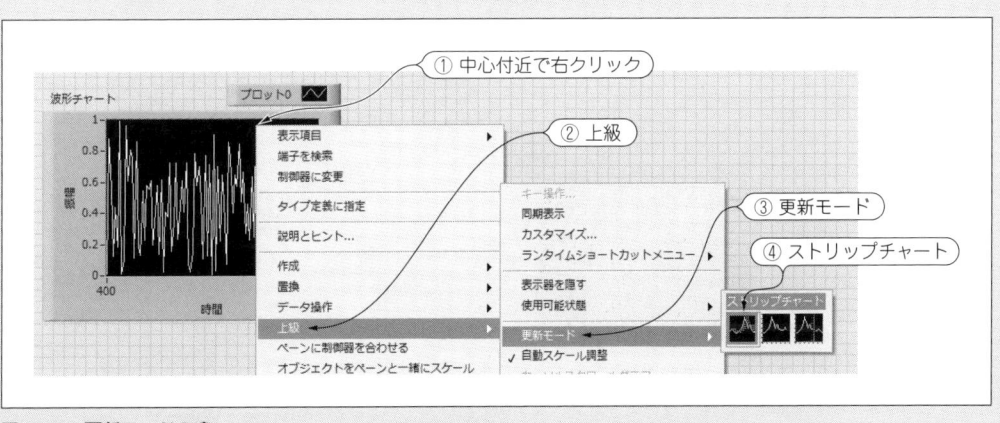

**図5-1-8　更新モードの違い**

5-1　波形チャート

## 5-2 波形チャートに二系列のデータを表示させる方法

**概　要**

5-1節では，乱数を発生させて，波形チャートに表示させる方法を学びました．波形チャートでは，複数のデータ系列も表示させることができます．ここでは，二つの乱数を発生させて，二系列のデータとして波形チャートに表示させる方法について学びます．

**課　題**

図5-2-1は，二つの乱数を発生させて，二系列のデータとして波形チャートに表示するプログラムです．5-1節で作成したプログラムを利用して，以下の操作を加えて，図5-2-1を作成してください．

まず，**乱数関数**をもう一つ追加してください．すでにブロックダイアグラムにある**乱数関数**をマウスで選択し，マウスダウンしながらマウスを少し移動させ，キーボードのCtrlキーを押しながらマウスのボタンを放せば，**乱数関数**をコピーすることができます．または，**乱数関数**は「関数パレット→Expressパレット→Express数値パレット→乱数」にあるので，ブロックダイアグラムに配置してください．

**インクリメント関数**は，二系列のデータが重ならないようにするために用いています．**インクリメント関数**は，図5-2-2に示すように，「関数パレット→Expressパレット→Express数値パレット→インクリメント」にあるので，ブロックダイアグラムに配置してください．

**バンドル関数**は，ブロックダイアグラム上で右クリックして現れる関数パレットから「関数パレット→プログラミングパレット→クラスタ，クラス，バリアントパレット→バンドル」にあります．

図5-2-1に示すように，波形チャートの凡例を二つに増やすには，マウスを使って引き伸ばしてください．

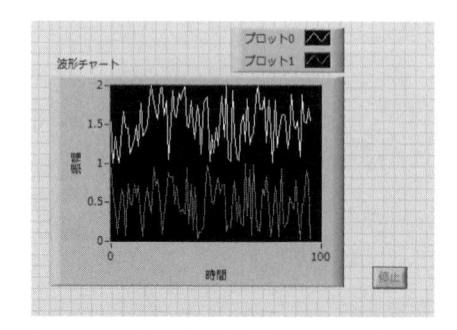

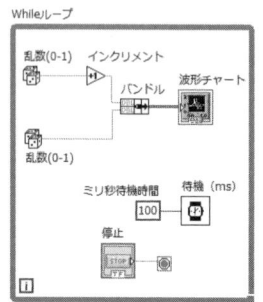

図5-2-1　二系列データを波形チャートに表示する方法

> **ポイント38 本当に0.1秒ごとで動作していますか**
>
> この節では，**待機(ms)関数**の待ち時間設定を100ミリ秒，つまり0.1秒に設定したプログラムを作成しました．そのため，1秒間に10個のデータを表示する動作をしています．さて，本当に0.1秒ごとに乱数が発生して表示しているのでしょうか？　答えは，残念ながらNoです．**待機(ms)関数**を使った方法では，完全に0.1秒ごとで動作しているとは言い切れません．これは，**待機(ms)関数**が実際に0.1秒を待つという動作に入る前に，わずかに無駄な時間が発生するためであり，プログラミングの方法に問題があるというわけではありません．ゆっくり変化するような現象を計測するときには，まず問題なく使用することができます．つまり，簡易的に数時間動作させる程度ならば，ほとんど気にならない誤差範囲ととらえることができます．
>
> しかし，**待機(ms)関数**で0.1秒を待つと設定したとしても，Whileループ内で実行する内容が0.1秒を超えるような状態では0.1秒ごとの実行は不可能になります．Whileループの中に多くの複雑な計算を含めてしまった場合は，設定した時間間隔で正しく動いているかどうかが気になるようになります．
>
> **待機(ms)関数**を使用した場合よりも正確な時間間隔で反復実行できて，指定した時間間隔で動作しているのかどうかを確認できる方法としては，タイミングループがあります．タイミングループの使用方法は，これまでのWhileループよりも難しい内容となるため，ここでは説明せず，7-5節でじっくり説明をします．

図5-2-1に示すように体裁を整え，ワイヤを配線して，プログラムを完成させてください．

プログラムが完成したら，実行してみてください．そして二つの乱数が発生し，二系列のデータとして波形チャートに表示されるようすを確認してください．

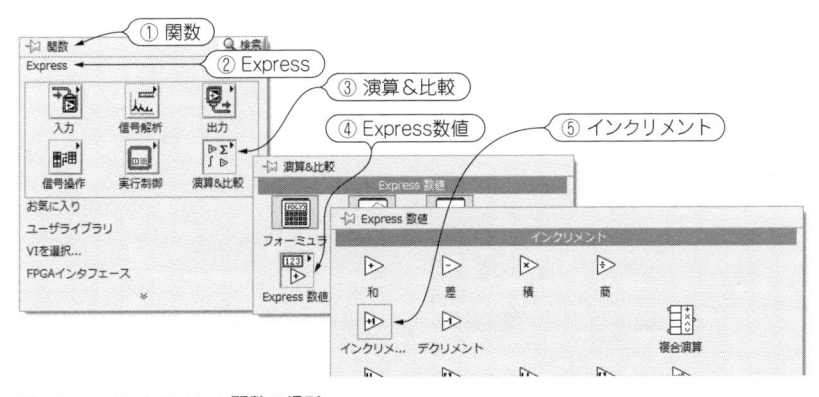

図5-2-2　インクリメント関数の場所

## 5-3 波形チャートの履歴データを自動的にクリアにする方法

### 概要

波形チャートを使用したプログラムを何度か実行していると,実行するたびに波形チャートの履歴を自動的にクリアしたい場合があります.ここでは,波形チャートの履歴データを自動的にクリアにする方法について学びます.

### 課題

図5-3-1に示すブロックダイアグラムは,波形チャートの履歴を自動的にクリアする方法です.以下の操作を加えて,図5-3-1のプログラムを作成してください.

波形チャートの履歴を自動的にクリアにするためには,プロパティノードとよばれる機能を使用します.波形チャートのプロパティノードは,図5-3-2に示すように,ブロックダイアグラムにある波形チャートの端子の上で右クリックして現れるメニューから「作成→プロパティノード→履歴データ」を選択すれば作成できます.次に,図5-3-3に示すように,プロパティノードをWhileループの外に配置

図5-3-1 実行時に波形チャートの履歴を自動的にクリアにする方法

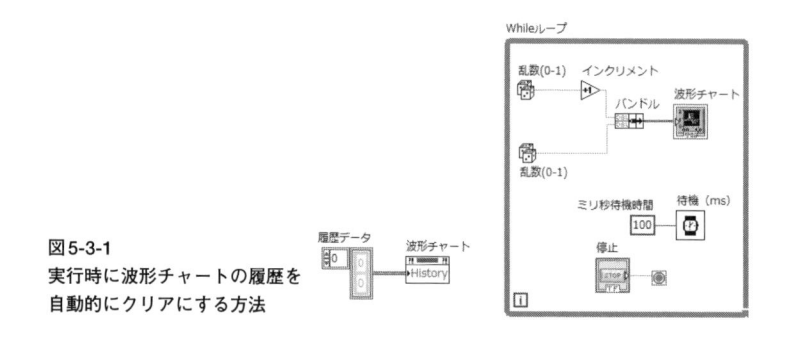

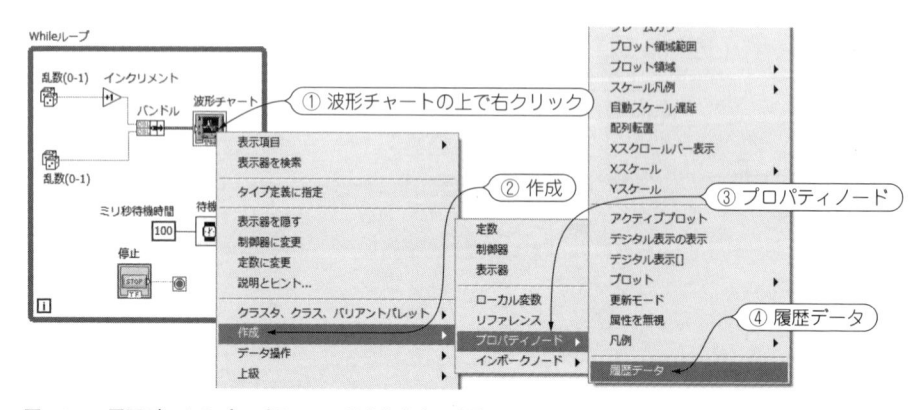

図5-3-2 履歴データのプロパティノードを作成する方法

124    第5章 LabVIEWの波形表示方法

させたら，プロパティノードの上で右クリックして現れるメニューから「すべてを書き込みに変更」を選択します．

書き込み属性に変更できたら，図5-3-4に示すように，プロパティノードの上で右クリックして現れるメニューから「作成→定数」を選択します．図5-3-5に示すように数値定数をクラスタした配列ができるので，左側にある指標表示の上にマウスを重ね，右クリックして現れるメニューから「データ操作→空の配列」を選択してください．以上の操作を加えることによって，プログラムを実行すると，Whileループが実行する前に，Whileループの外に配置されている履歴データのプロパティノードに対して，空のデータが入力されるので，履歴データは空になり，波形チャートの履歴はクリアになります．

図5-3-1のプログラムが完成したら，実行してみてください．プログラムを実行するたびに，波形チャートの履歴はクリアになることを確認してください．履歴データのプロパティノードに対して，空のデータを入れることにより，波形チャートの履歴をクリアにする方法は，表示されるデータが5-2節のような一系列のデータであっても使うことができます．

図5-3-3 履歴データのプロパティノードを書き込み属性にする方法

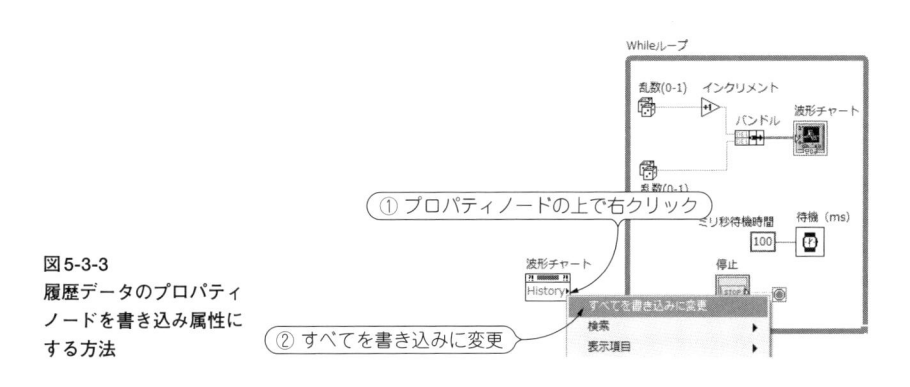

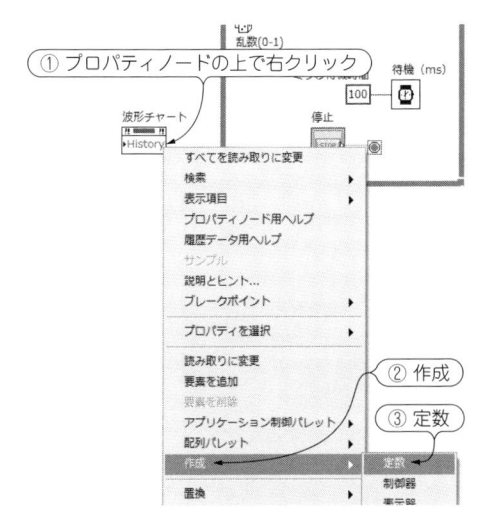

図5-3-4 履歴データの定数を作成する方法

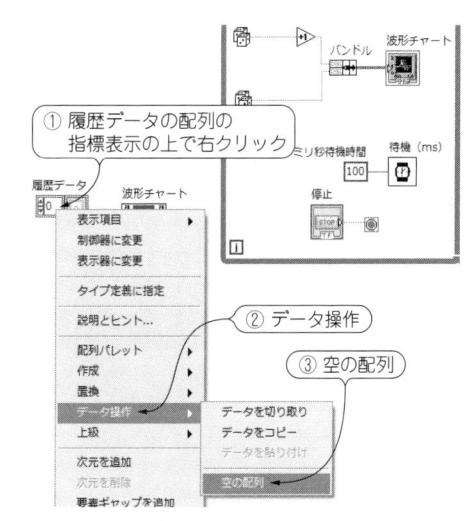

図5-3-5 履歴データの中身を空にする方法

5-3 波形チャートの履歴データを自動的にクリアにする方法　125

## 5-4 波形チャートの横軸を時間軸として使用する方法

### 概要

波形チャートの横軸は，時間軸として使用することができます．ここでは，波形チャートの横軸に現在時刻を表示させる方法について学びます．

### 課題

波形チャートには，横軸を時間軸にして表示させる機能があります．例えば，気温の変化などを表示するときに便利な機能です．図5-4-1は，波形チャートの横軸を現在の時間に対応させたプログラムです．

波形チャートの横軸を時間軸にするには，図5-4-2に示すように，波形チャートの中心付近で右クリックして現れるメニューから「プロパティ」を選択してください．そして，図5-4-3に示すように表示形式のタブが表示されていることを確認し，X軸が選ばれていることを確認したら，タイプを「絶対時間」に設定し，「システム時間形式」と「システム日付形式」に設定して，OKボタンを押してください．

時間軸に設定すると，図5-4-4に示すように，横軸が時間になります．しかし，よくみると1904年となっており，現在の日時ではありません．このまま実行すると，1904年の表示のままとなります．ここで，1904年の表示部分は，プロパティノードを使用すると，現在の時刻を書き込むことができます．まず，図5-4-5に示すように，ブロックダイアグラムにある波形チャートの端子の上で右クリックして現れるメニューから「作成→プロパティノード→Xスケール→オフセットと乗数→オフセット」を選択して，Whileループの外側にオフセットのプロパティノードを作成してください．

図5-4-6に示すように，オフセットのプロパティノードは，ブロックダイアグラム上で，

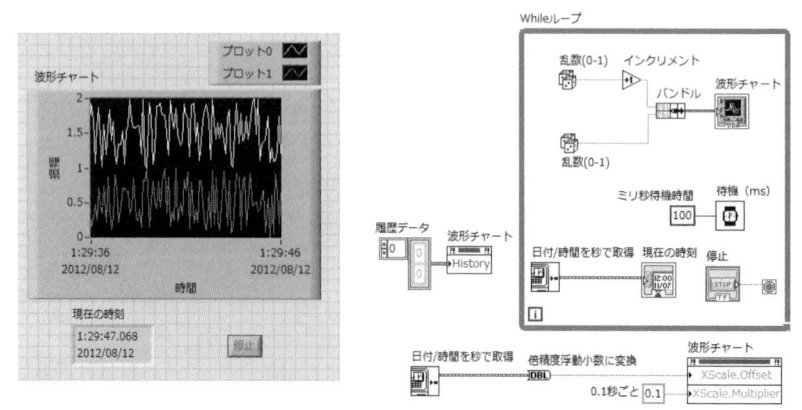

図5-4-1　波形チャートの横軸を現在の時間に対応させたプログラム

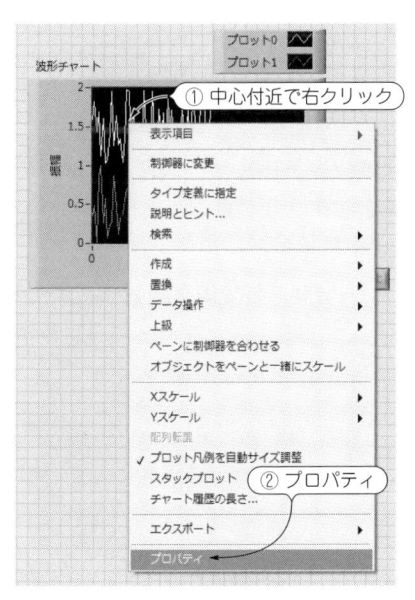

図5-4-2 プロパティを呼び出す方法

図5-4-3 波形チャートの横軸を時間軸表示にする方法

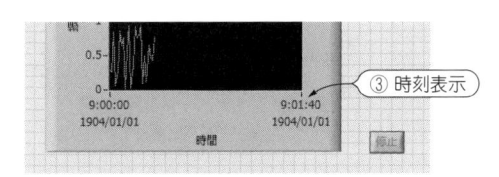

図5-4-4 横軸を時間軸に変更したときのようす

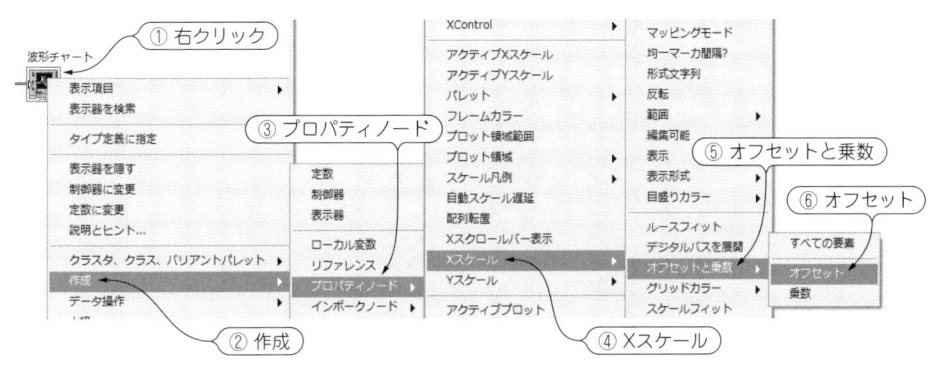

図5-4-5 波形チャートのXスケールのオフセットのプロパティノードを作成する方法

図5-4-6
プロパティノードを引き伸ばして，新しいプロパティノードを追加する方法

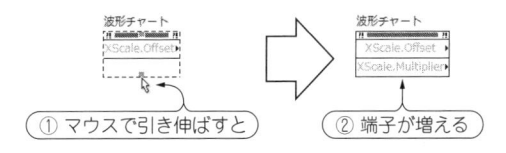

5-4 波形チャートの横軸を時間軸として使用する方法

「XScale.Offset」と表示されるので，XScale.Offsetのプロパティノードをマウスで下側に引き伸ばして，「XScale.Multiplier」という名称のプロパティを増やしてください．

プロパティノードの意味を調べたいときは，ヘルプファイルが便利です．キーボードでCtrl + Hキーを押して，ヘルプファイルを起動させて，マウスをプロパティノードに重ねると，プロパティノードの意味を調べることができます．XScale.Offsetは，横軸の初期値のプロパティノードであり，XScale.Multiplierはデータをプロットする間隔を決めるプロパティノードです．次に，プロパティノードに対して値を書き込めるようにするために，図5-4-7に示すように，プロパティノードの上で右クリックして現れるメニューから「すべてを書き込みに変更」を選択します．

次は，現在の時間を獲得する関数を用意します．ここでは**日付/時間を秒で取得関数**を使用するので，図5-4-8に示すように，ブロックダイアグラム上で右クリックして現れるメニューから「関数パレット

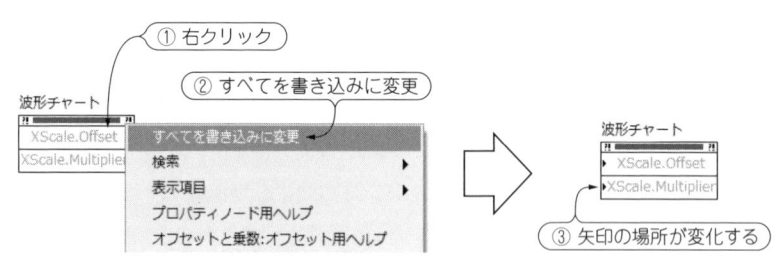

図5-4-7　プロパティノードを書き込み属性にする方法

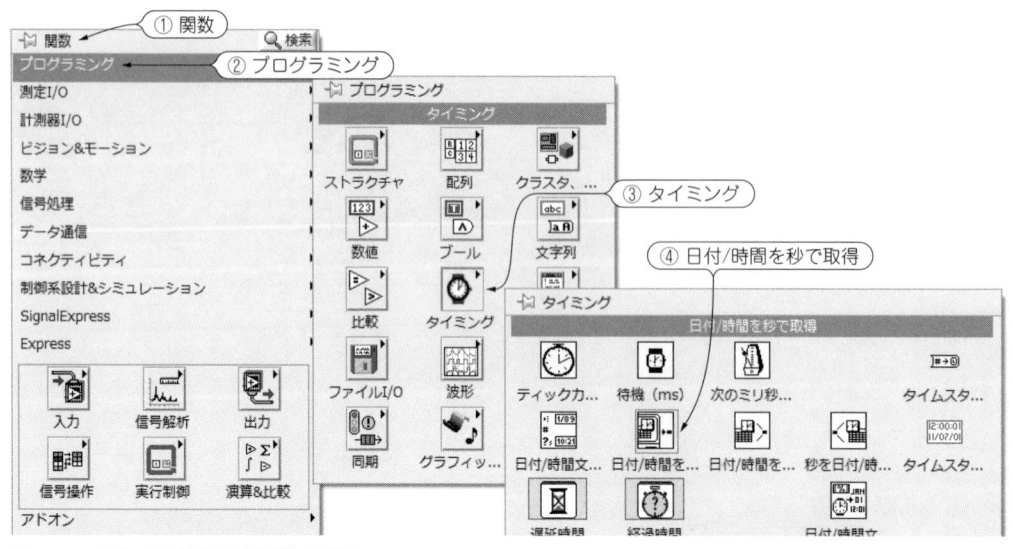

図5-4-8　日付/時間を秒で取得関数の場所

→プログラミングパレット→タイミングパレット→日付/時間を秒で取得」を選択して，図5-4-1に示すように**日付/時間を秒で取得関数**二つをブロックダイアグラムに配置してください．

次に，**日付/時間を秒で取得関数**で得られる現在時刻をXScale.Offsetのプロパティノードに初期値として配線できるようにするためには，**倍精度浮動小数に変換関数**を使用します．**倍精度浮動小数に変換関数**は，図5-4-9に示すようにブロックダイアグラム上で右クリックして現れるメニューから「関数パレット→プログラミングパレット→数値パレット→変換パレット→倍精度浮動小数に変換」にあります．

次に，波形チャートのXScale.Multiplierのプロパティノードにデータを表示する時間の間隔を与えます．時間の間隔は，**待機(ms)関数**に100ミリ秒，つまり0.1秒に設定しているので，0.1秒の数値定数をXScale.Multiplierのプロパティノードに配線してください．

また，現在の時刻を表示するために，Whileループ内にある**日付/時間を秒で取得関数**の上にマウスを重ね，右クリックして現れるメニューから「作成→表示器」を選んで，フロントパネルに現在の時刻の表示器を作成してください．

図5-4-1に示すように体裁を整え，ワイヤの配線に間違いがないかどうかを確認して，プログラムを完成させてください．

プログラムが完成したなら，実行してみてください．横軸が現在の時刻として表示され，動作することを確認してください．また，フロントパネルにある現在の時刻は，Whileループが反復動作をさせるたびに，現在の時刻が表示されるので，波形チャートの横軸の右端にある時刻と一致しているかどうかを確認してください．

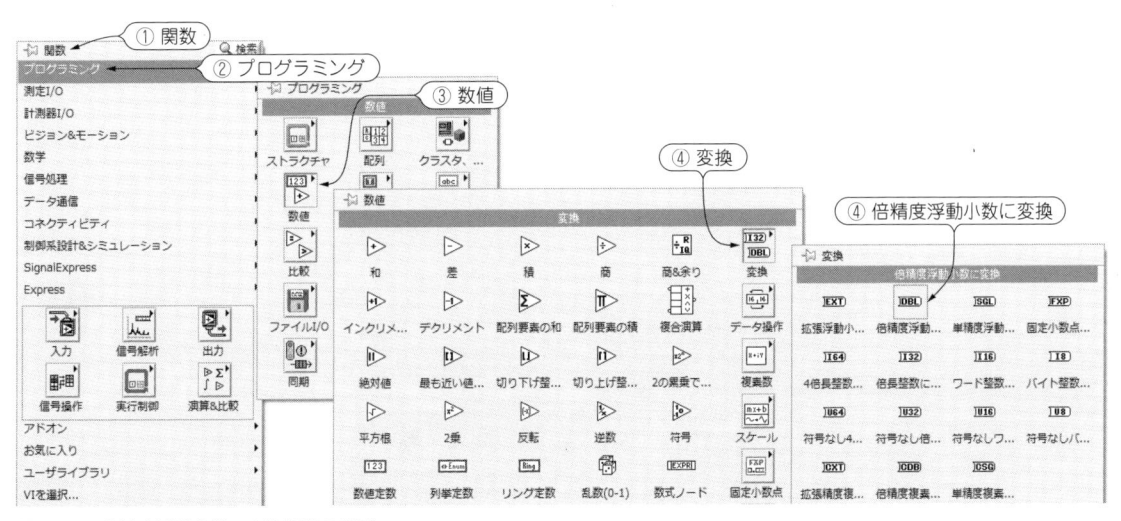

図5-4-9　倍精度浮動小数に変換関数の場所

# 5-5 波形グラフ

## 概要

5-4節では，乱数を発生させて，波形チャートに表示させる方法を学びました．ここでは，波形グラフを使用して，乱数を表示させる方法について学びます．

## 課題

**(1) 波形グラフに一系列のデータを表示する方法**

図5-5-1は，乱数を発生させて，波形グラフに表示するプログラムです．波形チャートは一つずつの数値データを入力させて表示させるという使い方でしたが，波形グラフは二つ以上のデータがなければ表示することができないので，入力できるデータ形式は配列になります．以下の順序にしたがって，図5-5-1のプログラムを作成してください．

波形グラフは，図5-5-2に示すように，フロントパネル上で右クリックして現れる制御器パレットから「制御器パレット→Expressパレット→グラフ表示器パレット→波形グラフ」にあります．

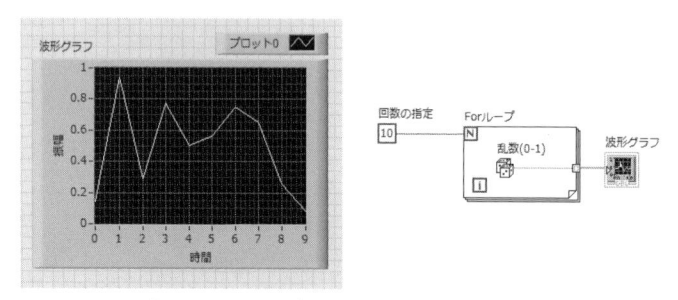

図5-5-1 波形グラフに一系列のデータを表示する方法

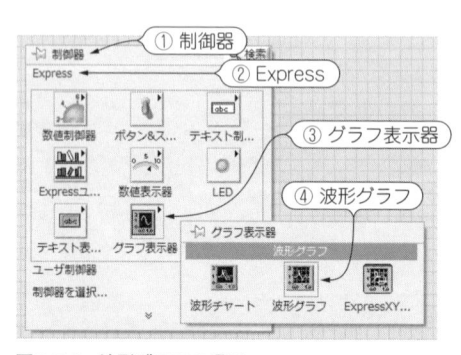

図5-5-2 波形グラフの場所

Forループは，ブロックダイアグラム上で右クリックして現れる関数パレットから「関数パレット→プログラミングパレット→ストラクチャパレット→Forループ」にあります．

　**乱数関数**は，ブロックダイアグラム上で右クリックして現れる関数パレットから「関数パレット→Expressパレット→Express数値パレット→乱数」にあります．

　Forループの反復回数は，10回を指定してください．

　図5-5-1に示すように体裁を整え，ワイヤを配線してプログラムを完成させてください．

　完成したなら，実行してみてください．乱数が波形グラフに表示されます．

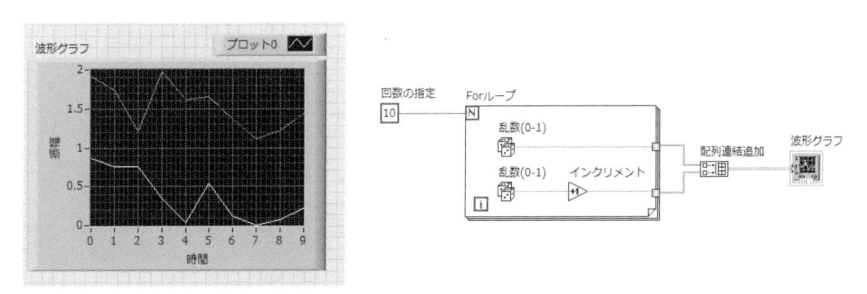

### (2) 波形グラフに二系列のデータを表示する方法

　波形グラフに二系列のデータを表示するには，図5-5-3に示すように，配列連結追加関数で二系列のデータを一つのワイヤに束ねてから，波形グラフに表示したいデータを入力します．図5-5-1のブロックダイアグラムに対して，**乱数関数**と**インクリメント関数**と**配列連結追加関数**を加えて作成してください．

　**乱数関数**をもう一つ追加してください．すでにブロックダイアグラムにある**乱数関数**をマウスで選択し，マウスダウンしながら，マウスを少し移動させ，キーボードのCtrlキーを押しながら，マウスのボタンを放せば，**乱数関数**をコピーできます．

　**配列連結追加関数**は，ブロックダイアグラム上で右クリックして現れる関数パレットから「関数パレット→プログラミングパレット→配列パレット→配列連結追加」にあります．

　**インクリメント関数**は，図5-2-2に示すように，「関数パレット→Expressパレット→Express数値パレット→インクリメント」にあります．

　図5-5-3に示すように体裁を整え，ワイヤを配線してプログラムを完成させてください．

　完成したなら，実行してみてください．二つの乱数から発生した二系列のデータが波形グラフに表示されます．

図5-5-3　波形グラフに二系列のデータを表示する方法

## 5-6 波形グラフと横軸の座標

### 概要

5-5節では，乱数を発生させて，波形グラフに表示させる方法を学びました．ここでは，波形グラフの横軸の座標の設定を変える方法について学びます．

### 課題

**(1) 一系列のデータの横軸座標を波形グラフに反映させる方法**

図5-6-1は，波形グラフで横軸の座標情報を与えることができるプログラムです．ブロックダイアグラム内にバンドル関数があります．このバンドル関数の一番上の入力は波形グラフを描くときの初期値であり，真ん中の入力はデータをプロットする間隔を指定する部分であり，一番下の入力はプロットしたいデータの数値配列を入力する部分として機能しています．以下の順序にしたがって，図5-6-1のプログラムを作成してください．

Forループは，ブロックダイアグラム上で右クリックして現れる関数パレットから「関数パレット→プログラミングパレット→ストラクチャパレット→Forループ」にあります．

バンドル関数は，「関数パレット→プログラミングパレット→クラスタ，クラス，バリアントパレット→バンドル」にあります．

図5-6-1に示すブロックダイアグラム上の初期値および間隔というラベルが付いた数値定数は，「関数パレット→Expressパレット→演算＆比較パレット→Express数値パレット→数値定数」にあります．

図5-6-1に示すように体裁を整え，ワイヤを配線してプログラムを完成させてください．

完成したなら，実行してみてください．初期値として与えた数値は波形グラフの横軸の左端の座標となり，間隔として与えた数値はデータをプロットするときの横軸の間隔となることを確認してください．

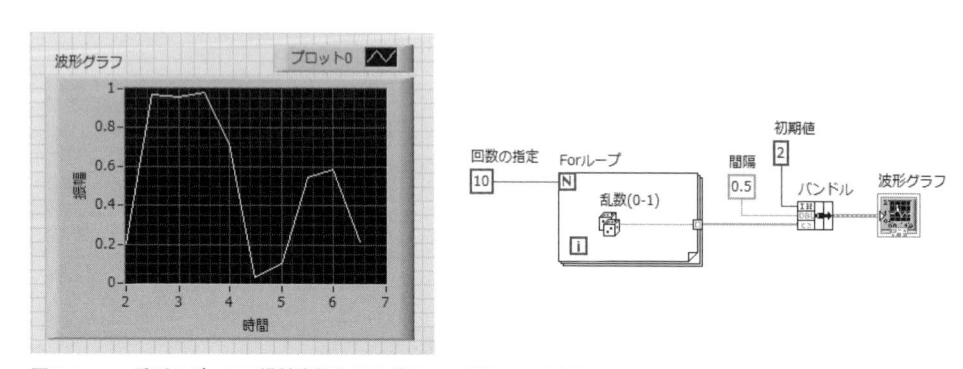

図5-6-1　一系列のデータの横軸座標を波形グラフに反映させる方法

## ポイント39 表示したいデータの横軸の間隔が均等でない場合は波形グラフで表示できますか？

波形グラフで表示できるデータは，データの横軸の間隔が均等である必要があります．例えば，気温を測定して表示させるような使い方をする場合，取得する温度情報は1分間に1回ずつ必ず計測するような一定の時間間隔のデータ系列である必要があります．横軸を不等な間隔でデータ表示させたい場合は，5-8節で使い方を説明するXYグラフを使用してください．

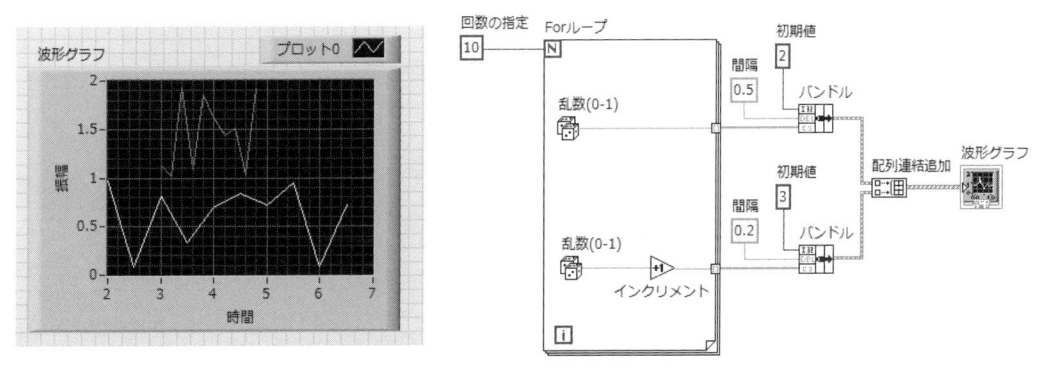

### (2) 二系列のデータの横軸座標を波形グラフに反映させる方法

波形グラフは，二系列のデータの横軸の間隔が異なっている場合も表示させることができます．図5-6-2に示すように，**バンドル関数**を使用して各々のデータ系列の初期値と間隔を与えてから，**配列連結追加関数**で二系列のデータを一つのワイヤに束ね，波形グラフに表示したいデータを入力します．図5-6-1のブロックダイアグラムに対して，**乱数関数**と**インクリメント関数**と**配列連結追加関数**を加えてプログラムを作成してください．

**乱数関数**をもう一つ追加してください．すでにブロックダイアグラムにある**乱数関数**をマウスで選択し，マウスダウンしながら，マウスを少し移動させ，キーボードのCtrlキーを押しながら，マウスのボタンを放せば，**乱数関数**をコピーできます．

**配列連結追加関数**は，ブロックダイアグラム上で右クリックして現れる関数パレットから「関数パレット→プログラミングパレット→配列パレット→配列連結追加」にあります．

**インクリメント関数**は，「関数パレット→Expressパレット→Express数値パレット→インクリメント」にあります．

図5-6-2に示すように体裁を整え，ワイヤを配線してプログラムを完成させてください．

完成したなら，実行してみてください．二系列のデータが波形グラフに表示されますが，互いの座標が違っていても，同一の波形グラフ上に表示させることができます．

図5-6-2 二系列のデータの横軸座標を波形グラフに反映させる方法

## 5-7 波形グラフのトレンドデータ表示方法とプロパティノード

**概要**

これまで学んだ波形グラフの使用方法は，乱数の発生が終えたら，最後に波形グラフにデータを表示するという動作でした．ここでは，乱数が発生するたびに波形グラフの表示を更新する方法について学びます．

**課題**

(1) 波形グラフのトレンドデータの表示方法

波形グラフでトレンドデータを表示するためには，反復実行している間にシフトレジスタを利用して，常に配列を作り上げるようにします．4-11節で学んだプログラムを応用して，**図5-7-1**に示すプログラムを作成してください．

図5-7-1は，4-11節の**配列連結追加関数**とはワイヤの配線が上下で逆になっているので，注意してください．

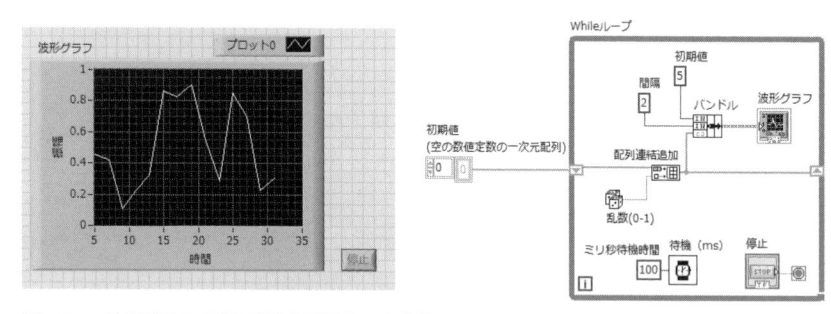

図5-7-1 波形グラフで常に表示を更新させる方法

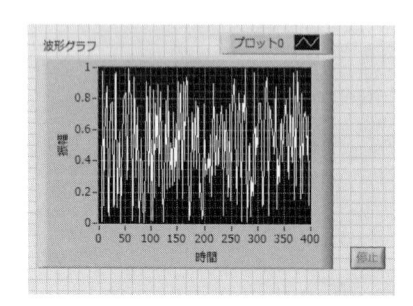

図5-7-2 多数のデータがプロットされ，見えにくくなった状態

待機(ms)関数の待ち時間の設定は100ミリ秒にしてください．

バンドル関数の部分は，5-6節の方法を引用してください．

図5-7-1に示すように体裁を整え，ワイヤを配線して，完成したら，実行してみてください．そして乱数が発生するたびに，波形グラフの表示が更新されていくことを確認してください．しかし，このプログラムをしばらく実行し続けると，図5-7-2に示すようにデータのプロット数が増えて，見えにくくなってきます．

ここで，プロパティノードを使用すると，波形チャートのように最近のデータのみを表示できる動作を実現できます．作成方法を，次に説明します．

## (2) 波形グラフで波形チャートの機能を作成する方法

図5-7-3は，波形グラフのプロパティノードを使用することで，波形チャートのように最新のデータのみを表示する方法です．次の順序にしたがって，プログラムを作成してください．

Whileループの下にあるXScale.ScaleFitのプロパティノードは，自動スケールXを無効にするために使用します．XScale.ScaleFitのプロパティノードは，図5-7-4に示すように，波形グラフの上で右クリックして現れるメニューから「作成→プロパティノード→Xスケール→スケールフィット」にあります．

XScale.ScaleFitのプロパティノードをWhileループの外側に配置したら，XScale.ScaleFitのプロパティノードの上で右クリックして現れるメニューから「すべてを書き込みに変更」を選択して，値を入力できる状態に変更してください．そして，同様にXScale.ScaleFitのプロパティノードの上で右クリックして現れるメニューから「作成→定数」を選択して，図5-7-3に示すように数値定数0を与えてください．ここで，数値0をXScale.ScaleFitのプロパティノードへ与えると，自動スケールXが無効になるという働きがあります．詳細は，ヘルプファイルをご覧ください．

Whileループの中にあるXScale.MinimumおよびXScale.Maximunのプロパティノードは，横軸Xの

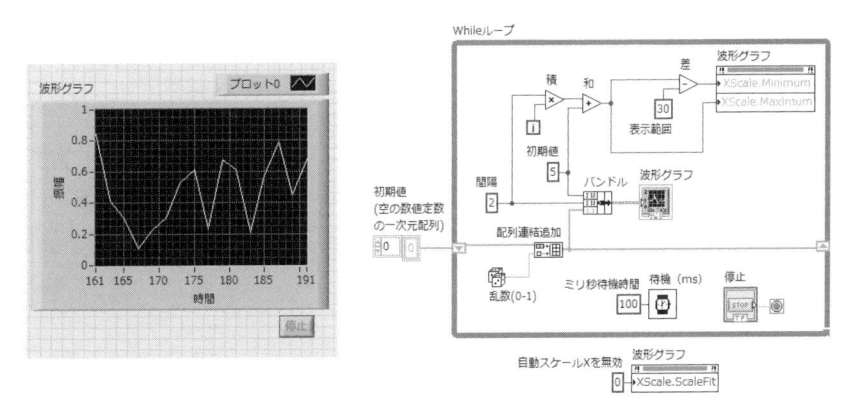

図5-7-3　波形グラフで波形チャートの機能を作成する方法

最小値と最大値を指定するために使用します．XScale.Minimumのプロパティノードは，図5-7-5に示すように，波形グラフの上で右クリックして現れるメニューから「作成→プロパティノード→Xスケール→範囲→最小値」にあります．

XScale.MinimumのプロパティノードをWhileループの中に配置したら，XScale.Minimumのプロパティノードをマウスで下側に引き伸ばして，「XScale.Maximun」という名称のプロパティを増やしてください．次に，XScale.Minimumのプロパティノードの上で右クリックして現れるメニューから「すべてを書き込みに変更」を選択して，値を入力できる状態に変更してください．

プロパティノードの配置を終えたら，和，差，積などの関数と数値定数を配置して，ブロックダイアグラムを完成させてください．

プログラムが作成できたら，実行してみてください．ブロックダイアグラムで表示範囲として数値30を指定してあるので，波形グラフの表示範囲は常に30の幅がある状態になります．

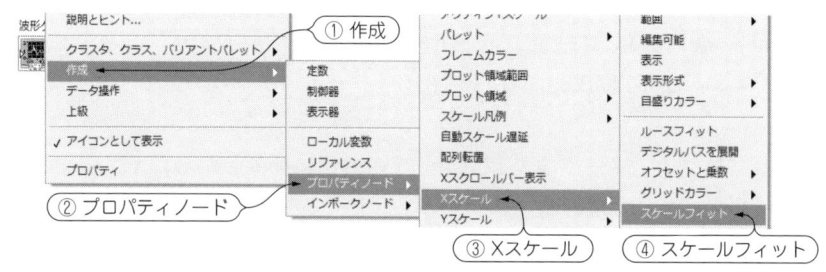

**図5-7-4** XScale.ScaleFitのプロパティノードの場所

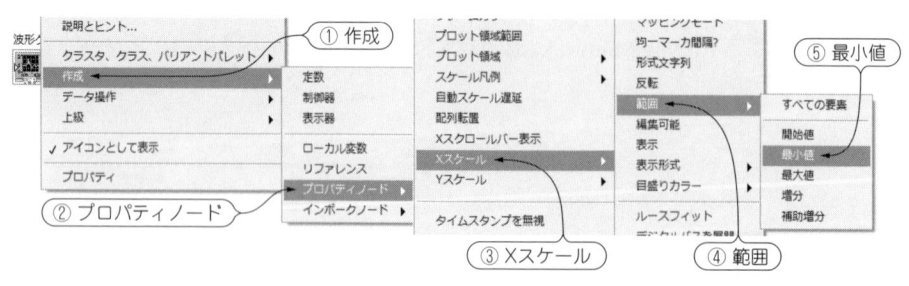

**図5-7-5** XScale.Minimumのプロパティノードの場所

## ポイント40 この節で作成した波形グラフの機能は，波形チャートと同じですか？

この節で作成した波形グラフは，プロパティノードを使用して，波形チャートと同じようにスクロールする機能を追加しました．しかしながら，波形チャートとはデータの取り扱いが違っています．波形チャートでは，データ履歴の長さ（詳細は**図5-1-6**を参照）が決まっているため，ここに蓄えきれなかった古いデータは捨てられていきます．しかし，今回の波形グラフでは，**配列連結追加関数**とシフトレジスタを使用して，すべてのデータを保持し続けますので，あまりにも長時間実行を続けると，メモリ不足になり，パソコンが動作しなくなってしまうので注意してください．

この節で学ぶべき内容は，波形グラフのプロパティノードの使い方とWhileループ内での複雑なデータの流れを理解することであり，その演習課題として波形グラフで波形チャートの動作の実現方法をとりあげました．

## ポイント41 グラフパレット

**図5-7-6**に示すように，各種グラフの上で右クリックして現れるメニューから「表示項目→グラフパレット」を選択すると，グラフの脇にグラフパレットが現れます．グラフパレットは，グラフの中で見たい部分をズームする機能がついていて，便利です．詳細は，ヘルプを利用して機能を調べてみましょう．

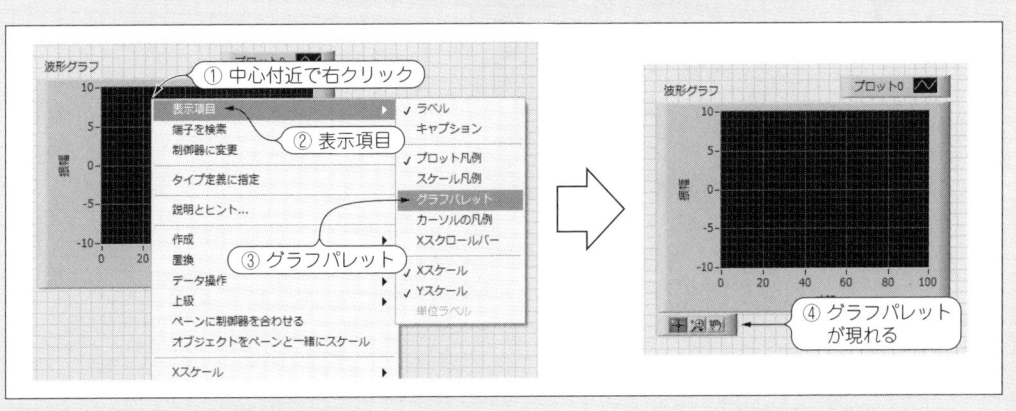

図5-7-6 グラフパレットの呼び出し方法

# 5-8 XYグラフ

## 概要

これまで学んだ波形チャートと波形グラフは，横軸が等間隔のデータのみを表示できるものでした．横軸が不等間隔なデータを表示するときはXYグラフを使用します．ここでは，XYグラフの使用方法について学びます．

## 課題

### (1) XYグラフに一系列のデータを表示する方法

図5-8-1は，フロントパネルにある二つの数値制御器の一次元配列の値を横X軸座標のデータおよび

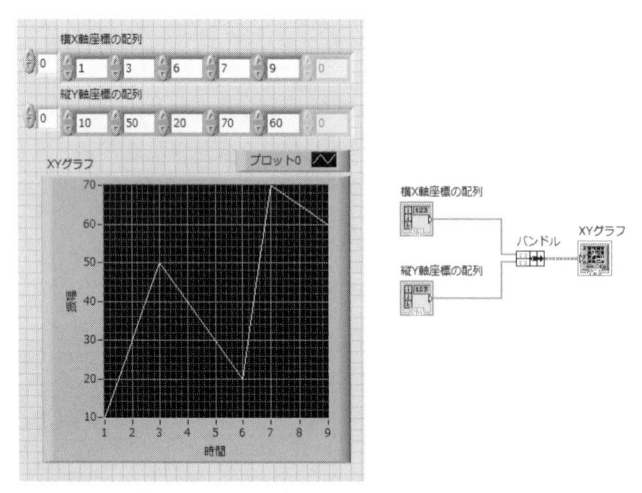

図5-8-1 XYグラフに一系列のデータを表示する方法

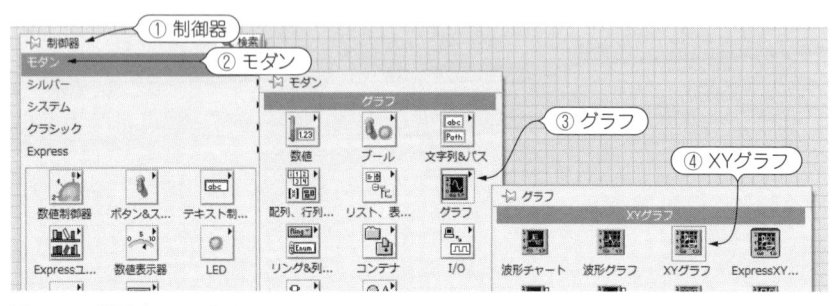

図5-8-2 波形グラフの場所

138　第5章　LabVIEWの波形表示方法

縦Y軸座標のデータとしてXYグラフに表示させる方法を示しています．以下の手順にしたがって，プログラムを作成してください．

XYグラフは，図5-8-2に示すように，フロントパネル上で右クリックして現れる制御器パレットから「制御器パレット→モダンパレット→グラフパレット→XYグラフ」にあります．

**バンドル関数**は，ブロックダイアグラム上で右クリックして現れる関数パレットから「関数パレット→プログラミングパレット→クラスタ，クラス，バリアントパレット→バンドル」にあります．

フロントパネルにある数値制御器の一次元配列の作成方法は，図3-1-3を参照してください．

完成したなら実行してみて，フロントパネルにある一次元配列の値に対応したグラフが描けているかどうかを確認してください．

## (2) XYグラフに二系列のデータを表示する方法

XYグラフに二系列のデータを表示するには，図5-8-3に示すように，バンドル関数の出力を**配列連結追加関数**で二系列のデータを一つのワイヤに束ねてから，XYグラフに表示したいデータを入力します．図5-8-2のプログラムを利用して，図5-8-3のプログラムを作成してください．

完成したなら実行してみて，フロントパネルにある一次元配列の値に対応したグラフが描けているかどうかを確認してください．

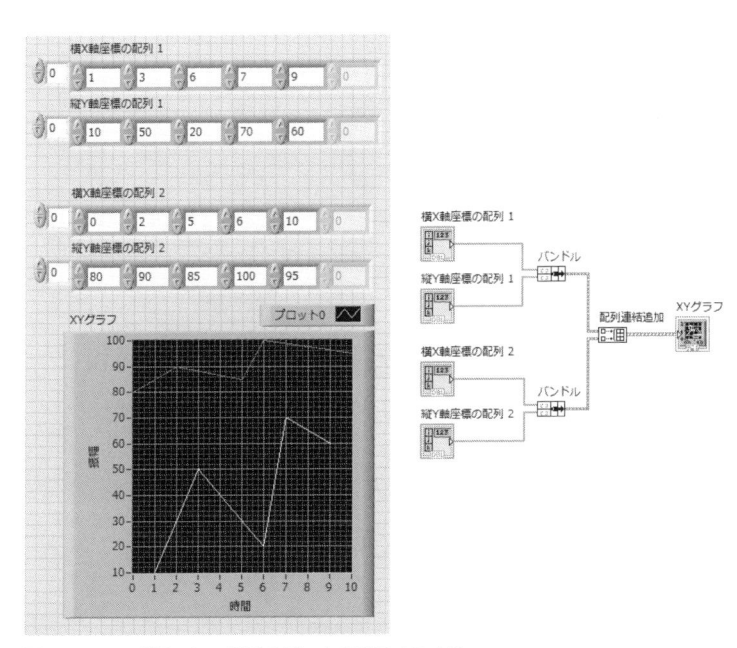

図5-8-3　XYグラフに二系列のデータを表示する方法

# 5-9 強度グラフ

## 概要

これまで学んだ波形チャートやXYグラフは，データを線として表示する機能でした．データを白黒写真のように濃淡で表す方法として，強度グラフがあります．ここでは，強度グラフの使用方法について学びます．

## 課題

図5-9-1は，フロントパネルにある数値制御器の二次元配列のデータを強度グラフに表示させる方法を示しています．以下の手順にしたがって，プログラムを作成してください．

強度グラフは，図5-9-2に示すように，フロントパネル上で右クリックして現れる制御器パレットから「制御器パレット→モダンパレット→グラフパレット→強度グラフ」にあります．

フロントパネルにある数値制御器の二次元配列の作成方法は，図3-3-1を参照してください．

ブロックダイアグラムにある**2D配列転置関数**ならびに**1D配列反転関数**は，ブロックダイアグラム上で右クリックして現れる関数パレットから「関数パレット→プログラミングパレット→配列パレット」内にあります．

Forループは，ブロックダイアグラム上で右クリックして現れる関数パレットから「関数パレット→

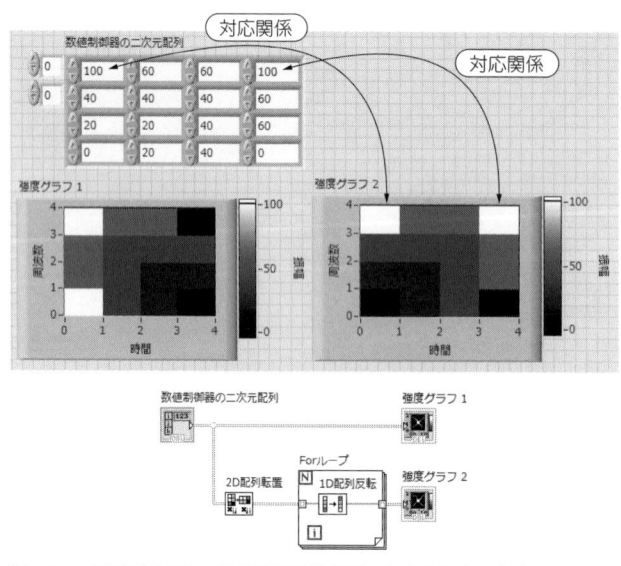

図5-9-1　強度グラフに二次元配列の数値データを表示する方法

プログラミングパレット→ストラクチャパレット→Forループ」にあります．

完成したなら実行してみてください．実行後に比較してみると，左側にある強度グラフ1と右側にある強度グラフ2では，少し色の現れ方が違います．ブロックダイアグラムをみると，左側にある強度グラフ1のほうは，二次元配列の出力をそのまま表示している状態にありますが，最大値になるべき数値100のところが白色になっておらず，二次元配列の並び方に対して強度グラフ1は反時計回りに90度回っている状態だということがわかります．

実際に，なにかのデータを計測して，データを表示するとき，この特性を知らないと，計測方法が間違っているのではないかと勘違いしてしまうことがあります．そこで，右側にある強度グラフ2は，**2D配列転置関数**ならびに**1D配列反転関数**を使用して，二次元配列の数値の並び方に対応した濃淡表示に変えています．

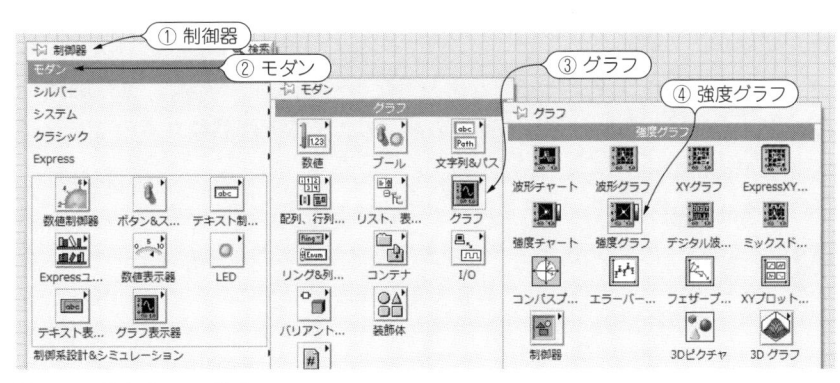

図5-9-2 強度グラフの場所

## 5-10 強度グラフのカラーバーをプロパティノードで変更する方法

### 概要

強度グラフのデフォルト設定の濃淡カラーは,「白-青-黒」の組み合わせですが,これをプロパティノードで自在に変更することができます.この機能は,得られたデータを見やすいように表示するときに,たいへん役に立つ方法です.ここでは,強度グラフのカラーバーをプロパティノードで変更する方法について学びます.

### 課題

図5-10-1に示すプログラムは,濃淡カラーで使用する2色を指定できます.以下の順序にしたがって,図5-10-1のプログラムを作成してください.

Forループは,ブロックダイアグラム上で右クリックして現れる関数パレットから「関数パレット→プログラミングパレット→ストラクチャパレット→Forループ」にあるので,**乱数関数を二重に囲って**ください.二重のForループから出力される乱数の配列は,二次元配列になるので,そのまま強度グラフにワイヤで配線してください.

次に,ZScale.MarkerVals[ ]のプロパティノードを作成します.ZScale.MarkerVals[ ]のプロパティノードは,図5-10-2に示すように,強度グラフの上で右クリックして現れるメニューから「作成→プロパティノード→Zスケール→マーカ値[ ]」にあります.作成したプロパティノードは,右クリックして現れるメニューから「すべてを書き込みに変更」を選択して,値を入力できる状態に変更してください.

最大値ならびに最小値というラベルがついているものは,数値制御器です.数値制御器は,フロントパネル上で右クリックして現れる制御器パレットから「制御器パレット→Expressパレット→数値制御器パレット→数値制御器」にあります.

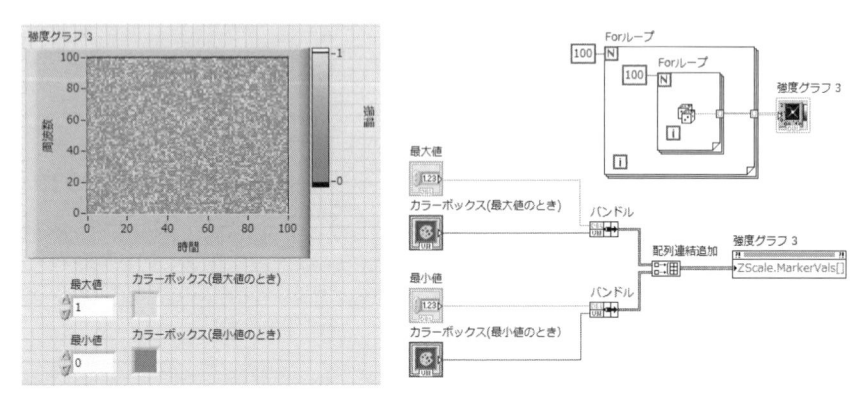

図5-10-1 強度グラフの濃淡カラーをプロパティノードで変更する方法

カラーボックスというラベルがついているものは，フレーム付きカラーボックスとよばれる数値制御器の一種であり，図5-10-3に示すように，フロントパネル上で右クリックして現れる制御器パレットから「制御器パレット→Expressパレット→数値制御器パレット→フレーム付きカラーボックス」にあります．

バンドル関数は，ブロックダイアグラム上で右クリックして現れる関数パレットから「関数パレット→プログラミングパレット→クラスタ，クラス，バリアントパレット→バンドル」にあります．

配列連結追加関数は，ブロックダイアグラム上で右クリックして現れる関数パレットから「関数パレット→プログラミングパレット→配列パレット→配列連結追加」にあります．

図5-10-1のプログラムは，乱数を発生させて強度グラフに表示させるので，Z軸の最大値は1，最小値は0になります．そこで，フロントパネルにある最大値というラベルが付いた数値制御器に1を入力し，最小値というラベルが付いた数値制御器に0を入力してください．また，二つあるカラーボックス制御器にカラーパレットツール（詳細は図1-13-3を参照）を使って，好みの色を配色してください．

作成した図5-10-1のプログラムを実行すると，カラーボックス制御器に指定した色でグラデーションカラーが付いた強度グラフが表示されます．

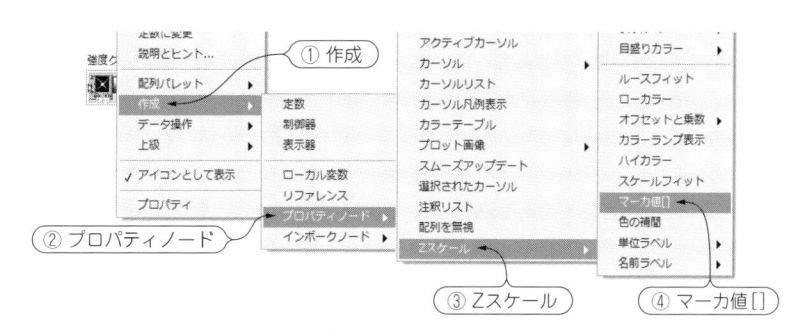

図5-10-2　ZScale.MarkerVals[ ]のプロパティノードの場所

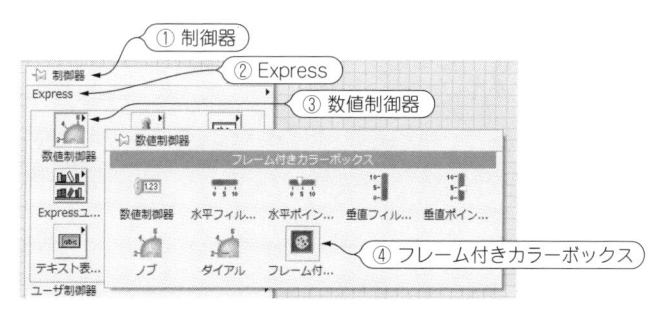

図5-10-3　フレーム付きカラーボックスの場所

5-10　強度グラフのカラーバーをプロパティノードで変更する方法　　143

# 5-11 3Dグラフ

## 概要

ここでは，3D曲面グラフの使用方法について学びます．

## 課題

**図5-11-1**に示すのは，数値制御器の二次元配列のデータを3D曲面グラフで表示するプログラムです．以下の手順にしたがって，**図5-11-1**のプログラムを作成してください．

数値制御器の二次元配列と強度グラフ2は，**図5-9-1**で作成したものを流用してください．

3D曲面グラフは，**図5-11-2**に示すように，フロントパネル上で右クリックして現れる制御器パレットから「制御器パレット→モダンパレット→グラフパレット→3Dグラフパレット→3D曲面グラフ」にあります．

3D曲面グラフをフロントパネルに置くと，ブロックダイアグラムには自動的に **create_plot_surface.vi関数**が現れます（LabVIEW8.5以前では，3Dグラフの使用方法が少し異なるため，**create_plot_surface.vi関数**は使わない．詳細はプログラムの解答例を参照のこと）．この関数の左側に，x vector入力端子，y vector入力端子があるので，各々の入力端子の上で右クリックして「作成→制御器」を選択すると，**図5-11-1**のフロントパネルにあるx vector数値制御器とy vector数値制御器の一次元配列が作成できます．この一次元配列は，3D曲面グラフのX軸の座標を与えるのがx vector配列であり，Y軸の座標を与えるのがy vector配列となっています．x vector配列の要素が6, 7, 8, 9であるので，

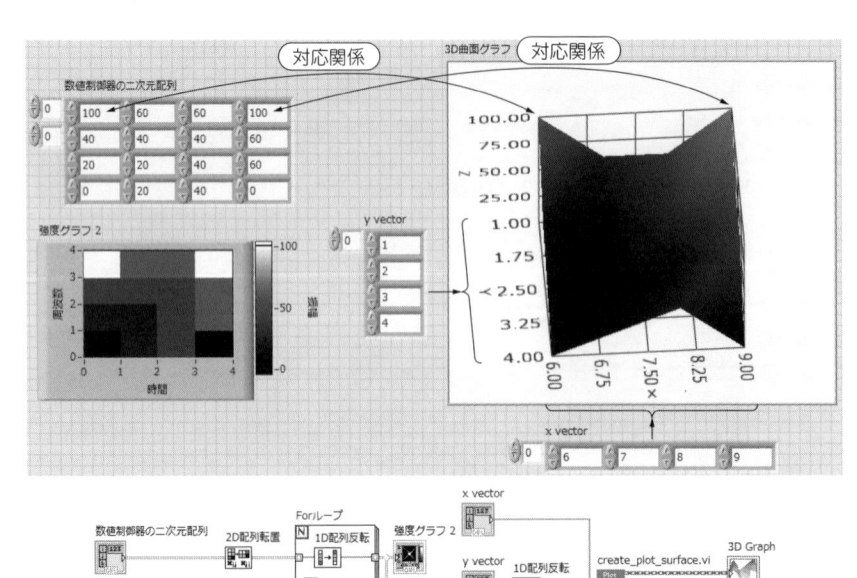

**図5-11-1**
3Dグラフの使用方法

3D曲面グラフのX軸は6～9の座標になっており，y vector配列の要素が1，2，3，4であるので，X軸は1～4の座標になっています．

**2D配列転置関数**ならびに**1D配列反転関数**は，ブロックダイアグラム上で右クリックして現れる関数パレットから「関数パレット→プログラミングパレット→配列パレット」内にあります．y vector端子とcreate_plot_surface.viの間には，**1D配列反転関数**を入れてください．

プログラムを完成させたら，プログラムを実行する前に，3D曲面グラフのプロパティを変更します．

図**5-11-3**に示すように，3D曲面グラフの上で右クリックして現れるメニューから「3Dグラフプロパティ」を選択して現れる3Dグラフプロパティで軸タブを選択し，X軸の範囲の最小値を9，最大値を6に設定してください．これは，フロントパネルにあるx vector数値制御器の一次元配列の値が6～9の範囲であり，X軸座標を反転させて見やすくするために最小値を9，最大値を6に設定しています．

プログラムを実行すると，フロントパネルにある数値制御器の二次元配列のデータは3D曲面グラフで表示されます．同時に，比較のために強度グラフ2も表示されます．強度グラフ2は，**2D配列転置関数**ならびに**1D配列反転関数**を使用して，数値制御器の二次元配列のデータの並び方に対応した濃淡表示になっています．3D曲面グラフも数値制御器の二次元配列のデータの並び方に対応するように，**1D配列反転関数**を使用して調整してあり，数値制御器の二次元配列と強度グラフ2と3D曲面グラフを比較すると，データの並び方の向きが揃っていることを確認してください．

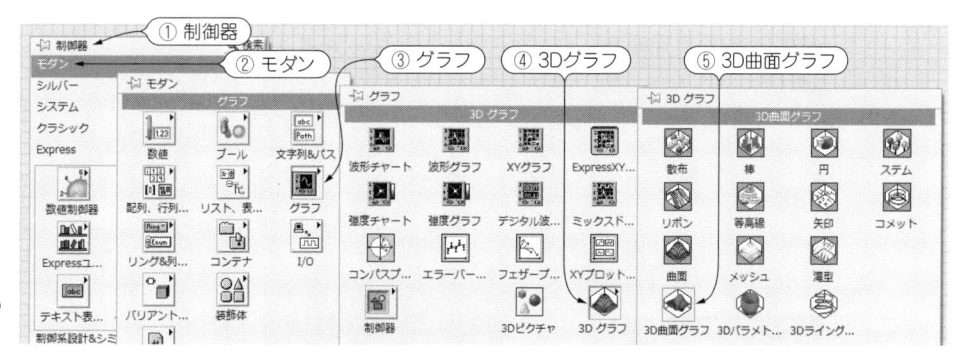

図5-11-2
3D曲面グラフの場所

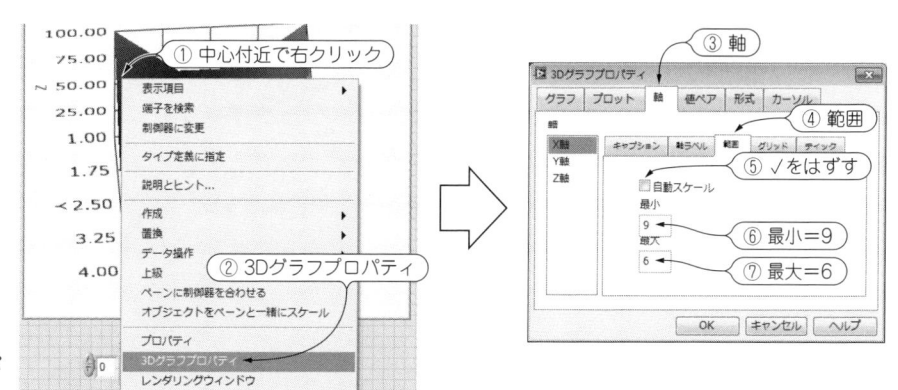

図5-11-3
3D曲面グラフのプロパティの呼び出し方法

## 5-12　第5章の章末問題

(1) 波形チャートにおいて，While ループで乱数を発生させて，波形チャートに表示させてください．そして，プログラムを実行している最中に，ボタンを押すと履歴がクリアになる機能を持たせたプログラムを作成してください．

(2) 図5-7-3で作成したプログラムは，一つの乱数から得られたデータ，つまり1系列のデータを表示するものでした．このプログラムを利用して，二系列の乱数データを表示できるプログラムを作成してください．

(3) 図5-8-3で作成したプログラムは，フロントパネルの一次元配列に入力された数値がXYグラフとして表示されるものでした．このプログラムを利用して，縦Y軸のデータを乱数に置き換えたプログラムを作成してください．

(4) 図5-10-1で作成した強度グラフの濃淡カラーは，2色でした．さらに1色増やしたプログラムを作成してください．
（ヒント：**配列連結追加関数**に対して，さらに1色を加える）

(5) 図5-12-1に示すように，XYグラフを使って，波形グラフと同じ機能をもつプログラムを作成してください．波形グラフへのデータの与え方は，図5-6-1のようにバンドルを使用した形式にしてください．

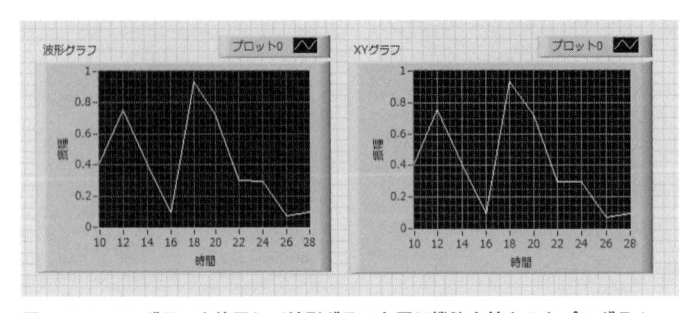

図5-12-1　XYグラフを使用して波形グラフと同じ機能を持たせたプログラム

# 第6章

# LabVIEWの
# データファイルの保存方法

　本章では，得られた数値データを保存する方法について，いくつかの例を挙げて学んでいきます．

## ▶ 本章の目次 ◀

6-1　数値データの保存方法
6-2　数値データを追加して保存する方法
6-3　ヘッダ情報を追加して保存する方法
6-4　自動的にデータファイル数を増やしながら保存する方法
6-5　データファイルを読み取る方法
6-6　第6章の章末問題

## 6-1 数値データの保存方法

### 概要

これまでは，主に乱数を使用して，数値データの取り扱い方法や，反復実行での取り扱い方，数値データのグラフ表示方法について学んできました．しかし，得られた数値データは，保存しなければ意味がありません．ここでは，数値データをデータファイルとして保存する方法を学んでいきます．

### 課題

図6-1-1に示すのは，乱数を5個発生させて，カンマ区切りのcsvファイルとして保存する方法です．csvファイルは，Microsoft社のExcelのファイルとして開くことができる形式です．csvファイルは，Windowsのメモ帳で開いて見ることもできます．以下の順序にしたがって，図6-1-1のプログラムを作成してください．

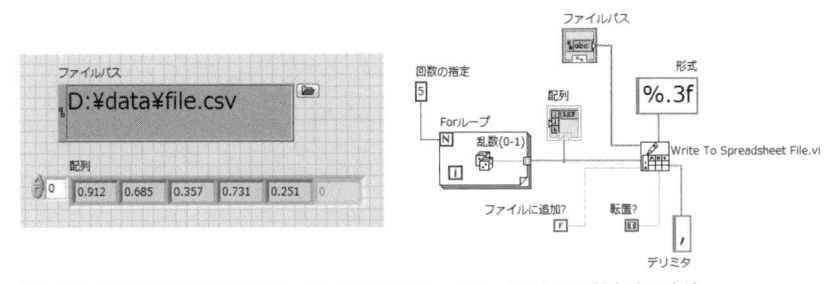

図6-1-1 乱数を5個発生させて，カンマ区切りのcsvファイルとして保存する方法

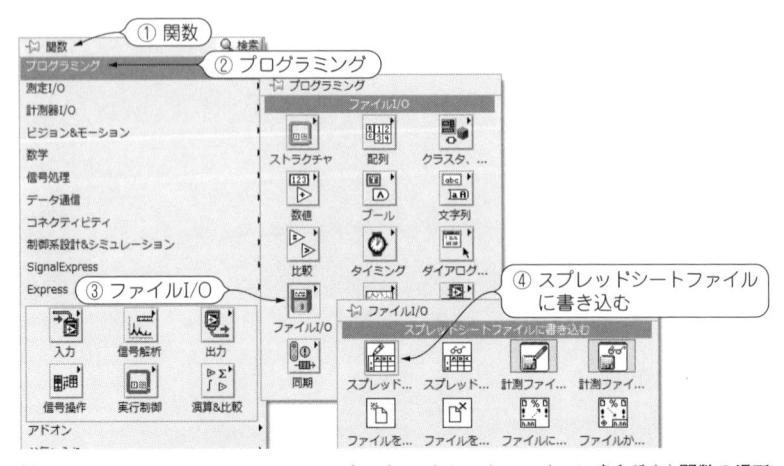

図6-1-2 Write To Spreadsheet File.vi（スプレッドシートファイルに書き込む）関数の場所

Write To Spreadsheet File.vi関数は，図6-1-2に示すように「関数パレット→プログラミングパレット→ファイルI/Oパレット→スプレッドシートファイルに書き込む」にあります．

形式文字列定数やデリミタ文字列定数，転置?ブール定数は，Write To Spreadsheet File.vi関数の各入力端子上で右クリックして現れるメニューから「作成→定数」を選択して作成してください．形式文字列定数の「%.3f」の意味は，小数点下3桁にするという意味です．デリミタ文字列定数は，区切り文字を指定する部分であり，半角文字のカンマ「,」を記入してください．転置?ブール定数は，配列を転置して保存するかどうかを指定する部分であり，ここではTRUEを選んでください．

ファイルパス制御器は，Write To Spreadsheet File.vi関数のファイルパス入力端子上で右クリックして現れるメニューから「作成→制御器」を選択して作成してください．図6-1-3の指示にしたがって，フロントパネルに現れたファイルパス制御器に，参照ボタンがなければ参照ボタンを作成し，それから右クリックすると現れるメニューから「参照オプション」を選択し，参照オプションを呼び出してください．参照オプションは，図6-1-4に示すように設定してください．

図6-1-4の設定は，ファイルを保存するときは新しいファイル名で保存し，そのファイル名の拡張子にはcsvを付けなさいという意味です．図6-1-4のパターンという項目は，「*.csv」なので，間違えずに記入してください．設定を終えたら，OKボタンを押して参照オプションを閉じてください．

Forループは，「関数パレット→プログラミングパレット→ストラクチャパレット→Forループ」にあります．

乱数関数は，「関数パレット→Expressパレット→Express数値パレット→乱数」にあります．

図6-1-1のプログラム作成で必要となる他の部分は，これまでに学んできたことを活用して作成してください．

図6-1-1のプログラムが完成したら，実行する前にフロントパネルにあるファイルパス制御器の横に

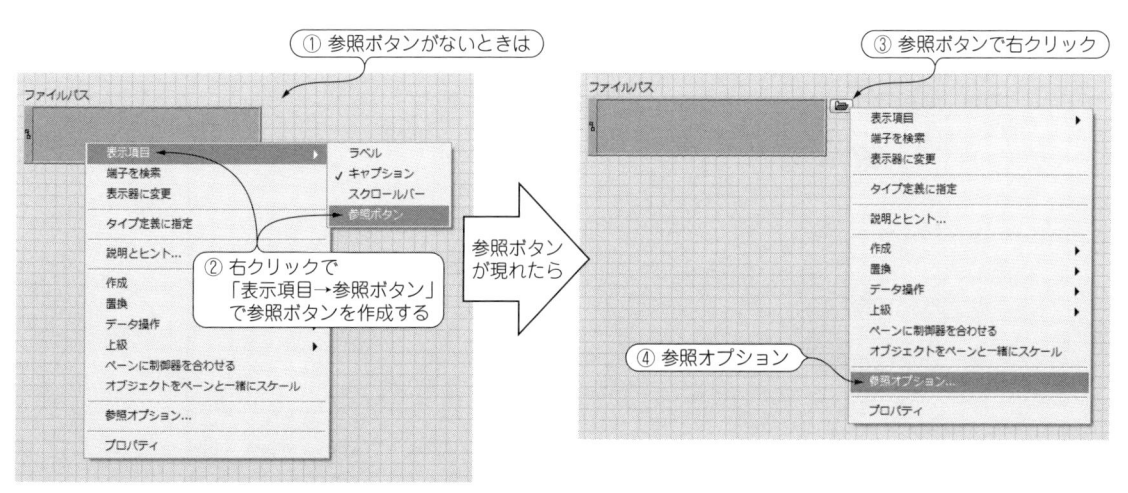

図6-1-3 参照オプションを呼び出す方法

6-1 数値データの保存方法

ある参照ボタンをクリックして，図6-1-5に示すファイルダイアログを開いて，データファイルを保存したい場所を選んで，適当なファイル名を記入してください．ここでは，fileという名前にしてあります．

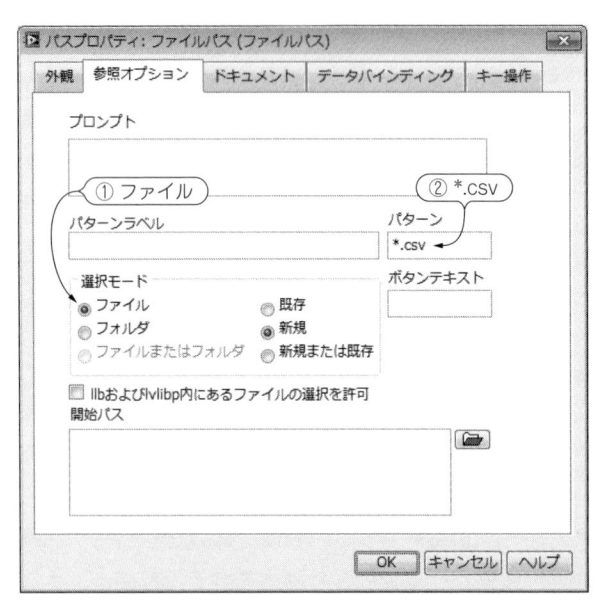

図6-1-4　参照オプションの設定

図6-1-5　ファイルダイアログにファイル名を記入するようす

ファイル名を記入し終えたら，図6-1-1に示すようにフロントパネルのファイルパス制御器にファイルパスが入力されていることを確認して，プログラムを実行してください．

プログラムを実行すると，図6-1-1に示すようにフロントパネルに5個分の乱数が数値表示器の一次元配列に表示され，また，先ほどファイル名を指定した場所を見てみると，図6-1-6に示すようにデータファイルが作成されています．

Microsoft社のExcelでは，拡張子がcsvのファイルは，カンマ区切りのファイルとして認識されます．データファイルをExcelで開くと，図6-1-7に示すように5個の乱数が保存されていることがわかります．Excelがない場合は，メモ帳としてデータファイルを開くと，図6-1-8に示すように5個の乱数が保存されていることを確認できます．

図6-1-1のブロックダイアグラムでは，転置?ブール定数をTRUEに設定しました．LabVIEWでは，一次元配列は横方向に伸びて並んでいると解釈されます（詳細は3-4節を参照）．そこで，転置を有効にすることで，データファイルには，縦一列にデータが保存されるようになります．

次の節では，このプログラムを利用して，連続的にデータ保存する方法を学びます．

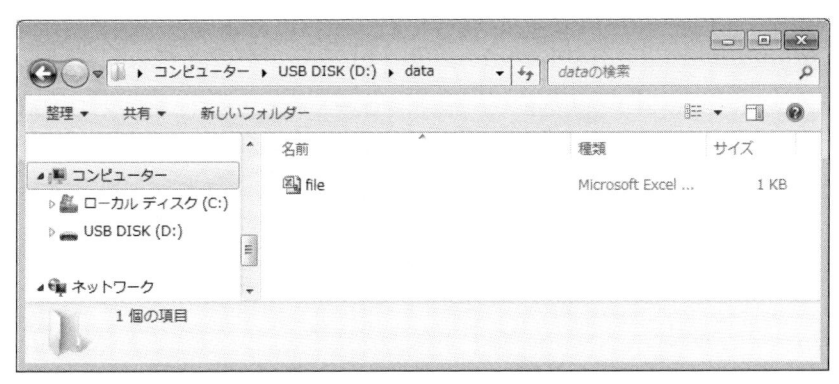

図6-1-6　データファイルが作成されたようす

図6-1-7　データファイルをExcelで開いたときのようす

図6-1-8　データファイルをメモ帳として開いたときのようす

6-1　数値データの保存方法

## 6-2 数値データを追加して保存する方法

### 概要

6-1節では，5個の乱数を発生させて，5個の乱数をデータファイルに保存するプログラムを作成しました．ここでは，5個の乱数を連続で発生させて，一つのデータファイルに追加して乱数を保存する方法について学びます．

### 課題

図6-2-1は，6-1節のプログラムに対してWhileループを追加し，連続的に乱数を発生させながら，一つのデータファイルに乱数を追加して保存できるようにしたプログラムです．以下の順序にしたがって，図6-2-1のプログラムを作成してください．

Whileループは，「関数パレット→Expressパレット→実行制御パレット→Whileループ」にあります．

待機(ms)関数は，「関数パレット→プログラミングパレット→タイミングパレット→待機(ms)」にあります

0に等しくない?関数は，図6-2-2に示すように「関数パレット→Expressパレット→演算&比較パレット→Express比較パレット→0に等しくない?」にあります．

図6-2-1のプログラム作成で必要となる他の部分は，これまでに学んできたことを活用して作成してください．

図6-2-1に示すプログラムでは，Whileループ開始時は新しいデータファイルとして乱数を保存する動作が必要であり，2回目以降の反復実行時は既存のファイルに乱数データを追加して保存する動作が必要になります．**Write To Spreadsheet File.vi関数**には，新しいデータファイルとして保存するのか，それとも，既存のファイルにデータを追加して保存するのかを指定できる「ファイルに追加?」という名称のブール値の入力端子があります．

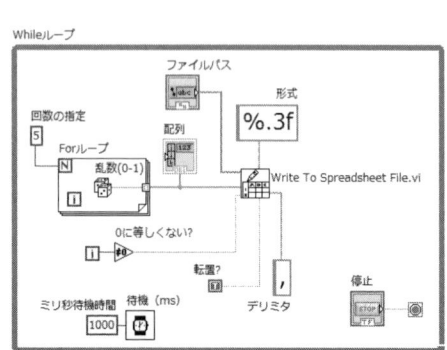

図6-2-1 一つのデータファイルに乱数を追加して保存する方法

一方で，Whileループの反復端子の値は0から開始されるので，**0に等しくない?関数**を使用すれば，Whileループの反復実行が1回目であればFALSEのブール値を出力し，反復実行が2回目以上であればTRUEを出力する動作を得られます．以上のことから，反復端子の値を**0に等しくない?関数**でブール値に変換すれば，**Write To Spreadsheet File.vi関数**の新規でファイルを保存するか，追加で保存するかの機能を切り替えることができるようになり，一つのデータファイルに乱数を追加して保存するという動作を実現できます．

　**図6-2-1**のプログラムが完成したら，6-1節の場合と同じように，実行する前にフロントパネルにあるファイルパス制御器の横にある参照ボタンをクリックして，適当なファイル名を記入してください．

　**図6-2-1**のプログラムは，連続的にデータを無制限に追加していくプログラムです．プログラムを実行したら，約3秒後には停止ボタンを押してプログラムを停止させてください．そして，先ほどファイル名を指定した場所を見てみると，データファイルが作成されているので，Excelで開いてください．**図6-2-3**は，Excelでデータファイルを開いたときを示しており，15個の乱数が保存されていることを確認できます．1回の反復実行で5個の乱数が保存されるので，15個の乱数は反復実行3回分のデータになります．

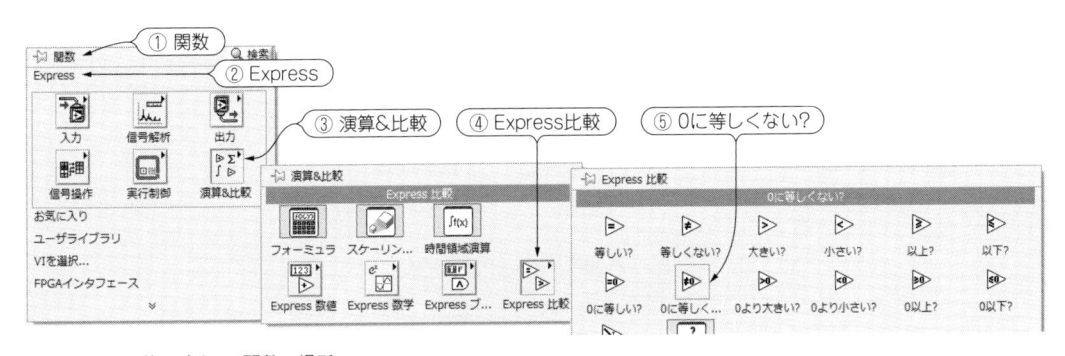

図6-2-2　0に等しくない?関数の場所

図6-2-3　データファイルをExcelで開いたときのようす

6-2　数値データを追加して保存する方法

## 6-3 ヘッダ情報を追加して保存する方法

### 概要

6-2節では，5個の乱数を発生させて，一つのデータファイルに追加して乱数を保存する方法を学びました．ここでは，データファイルの一番上にヘッダとよばれる文字情報を加えて，さらにわかりやすい表データとしてデータファイルを保存する方法について学びます．

### 課題

図6-3-1は，6-2節のプログラムに対して，Whileループの反復実行が始まる前に，**テキストファイルに書き込む関数**を使用して，文字情報を書き込むことができるプログラムです．以下の順序にしたがって，図6-3-1のプログラムを作成してください．

6-2節のプログラムにおいて，「ファイルに追加?」に入力するブール値は，**0に等しくない?関数**を使って，FALSEまたはTRUEを与えるようになっていました．しかし，ここでは**テキストファイルに書き込む関数**によってデータファイルを作成してヘッダ情報を書き込む動作があるため，**Write To Spreadsheet File.vi**関数の動作は既存のファイルに数値を追加する動作のみになるので，「ファイルに追加?」に入力する値はTRUEにしてください．

**テキストファイルに書き込む関数**は，図6-3-2に示すように「関数パレット→プログラミングパレット→ファイルI/O→テキストファイルに書き込む」にあります．

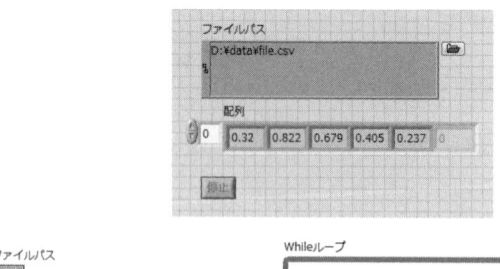

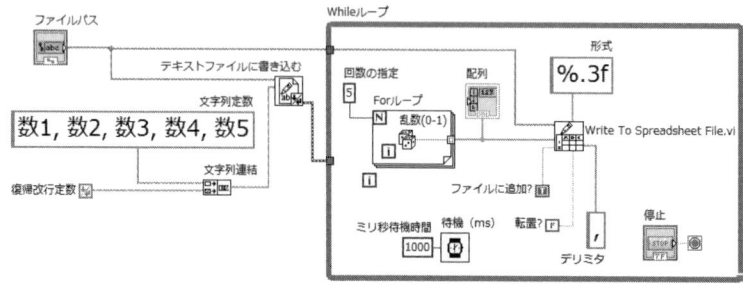

図6-3-1 ヘッダ情報を追加して保存する方法

テキストファイルに書き込む関数の右下側にあるエラー出力端子からWhileループのフレームに対して，ワイヤが配線してあることに注意してください．このワイヤにデータが流れてくるのは，**テキストファイルに書き込む関数**の実行が終わったときです．つまり，**テキストファイルに書き込む関数**の実行が終わったら，Whileループを実行するという順番付けをする働きをしています（詳細は**図4-12-6**を参照）．

文字列定数や復帰改行定数，**文字列連結関数**は，「関数パレット→プログラミングパレット→文字列パレット」内にあります．文字列定数はヘッダになる文字であり，ここでは「数1, 数2, 数3, 数4, 数5」と半角のカンマ区切りになっていることに注意してください．

6-2節のブロックダイアグラムでは，「転置?」の入力値がTRUEになっていましたが，追加するヘッダに合わせて，横方向に配置されたデータファイルにする必要があるため，FALSEに変更してください．

**図6-3-1**のプログラムが完成したら，6-2節の場合と同じように，実行する前にフロントパネルにあるファイルパス制御器の横にある参照ボタンをクリックして，適当なファイル名を記入してください．

このプログラムは連続的にデータを無制限に追加していく動作をするので，プログラムを実行したら，約3秒後には停止ボタンを押してプログラムを停止させてください．**図6-3-3**は，作成されたデータファイルをExcelで開いた状態を，**図6-3-4**はメモ帳で開いた状態を示しており，5個の乱数が横並びに反復実行4回のデータが保存されています．

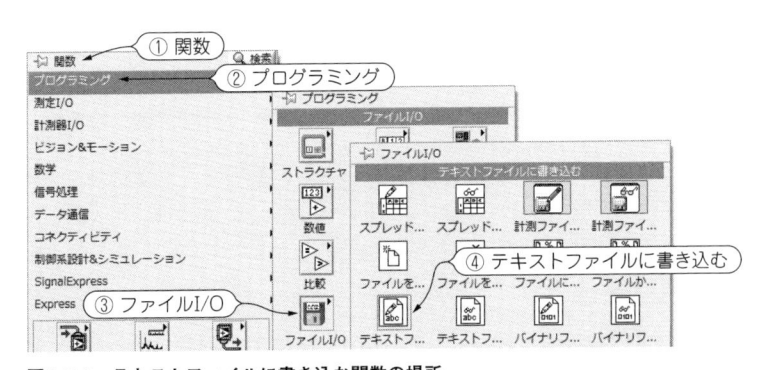

図6-3-2 テキストファイルに書き込む関数の場所

図6-3-3 データファイルをExcelで開いた場合

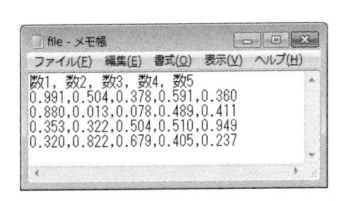

図6-3-4 データファイルをメモ帳で開いた場合

# 6-4 自動的にデータファイル数を増やしながら保存する方法

### 概要

これまで作成したデータ保存のプログラムは，一つのデータファイルに保存するという動作でした．しかし，長時間に渡ってデータを保存するときは，複数のデータファイルに分ける必要があります．ここでは，データファイルを保存するたびに，自動的に番号をつけたデータファイルを作成して，保存する方法について学びます．

### 課題

図6-4-1に示すのは，ファイルを保存するたびに，自動的にファイル名に番号が付いた別のデータファイルに保存するプログラムです．6-3節のプログラムに対して，以下の操作を加えて，図6-4-1のプログラムを作成してください．

フラットシーケンスストラクチャは，「関数パレット→Expressパレット→実行制御パレット→フラットシーケンスストラクチャ」にあります．

**パスを文字列に変換関数**および**文字列をパスに変更関数**は，「関数パレット→プログラミングパレッ

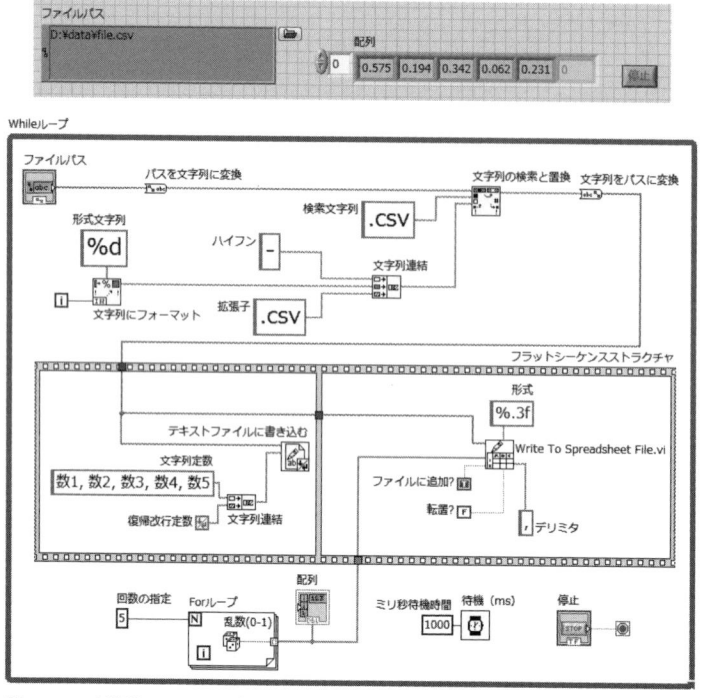

図6-4-1 自動的にファイル名に番号をつけたデータファイルを作成して保存する方法

ト→文字列パレット→文字列/配列/パス変換パレット」内にあります．

**文字列の検索と置換関数**ならびに**文字列連結関数**，**文字列にフォーマット関数**は，「関数パレット→プログラミングパレット→文字列パレット」内にあります．

形式文字列というラベルが付いた定数，検索文字列というラベルが付いた定数，ハイフンというラベルが付いた定数，拡張子というラベルが付いた定数は，いずれも文字列定数です．文字列定数は，「関数パレット→プログラミングパレット→文字列パレット→文字列定数」にあります．

検索文字列には「.csv」，拡張子にも「.csv」，ハイフンには小文字で「-」，形式文字列には整数に変換する意味を持つ「%d」を記入してください．

図6-4-1のプログラムが完成したら，6-3節の場合と同じように，実行する前にフロントパネルにあるファイルパス制御器の横にある参照ボタンをクリックして，適当なファイル名を記入してください．

図6-4-1のプログラムは連続的にデータファイルを作り出していく動作をするので，プログラムを実行したら，約3秒後には停止ボタンを押してプログラムを停止させてください．

プログラム停止後に，保存先として指定していた場所を見てみると，図6-4-2に示すように，ファイル名に数字が加えられたファイルが多数作られています．図6-4-1のフロントパネルでは，ファイル名をfile.csvに指定していますが，図6-4-2に見られるファイル名は，file-0.csv，file-1.csv，file-2.csvという具合に，自動的に番号が割り込んでいます．今回作成したプログラムは，Whileループの反復実行回数の値を文字列に変換し，ファイル名の中に割り込ませる動作を加えるため，多くの文字列の関数を使用しています．

作成されたデータファイルをExcelで開くと，図6-4-3に示すように，各データファイルには1回分ずつのデータが保存されています．

図6-4-2　複数のデータファイルが作成されたようす

図6-4-3　データファイルをExcelで開いた場合

6-4　自動的にデータファイル数を増やしながら保存する方法

## 6-5 データファイルを読み取る方法

### 概要

これまでは，データファイルとして保存するプログラムを作成してきました．ここでは，保存したデータファイルをLabVIEWで読み取る方法について学びます．

### 課題

図6-5-1に示すのは，これまで保存してきたデータファイルをLabVIEWプログラムで読み取るプログラムです．以下の手順で，新規に図6-5-1のプログラムを作成してください．

ファイルパス制御器は，図6-5-2に示すように「制御器パレット→Expressパレット→テキスト制御器パレット→ファイルパス制御器」にあります．

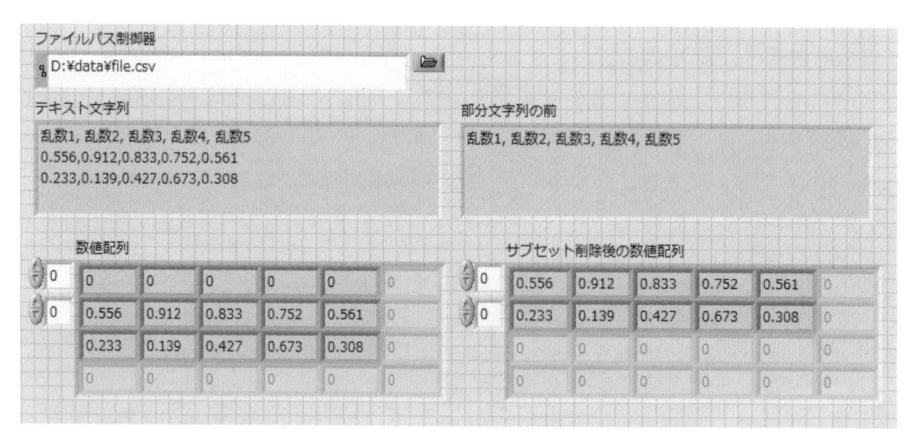

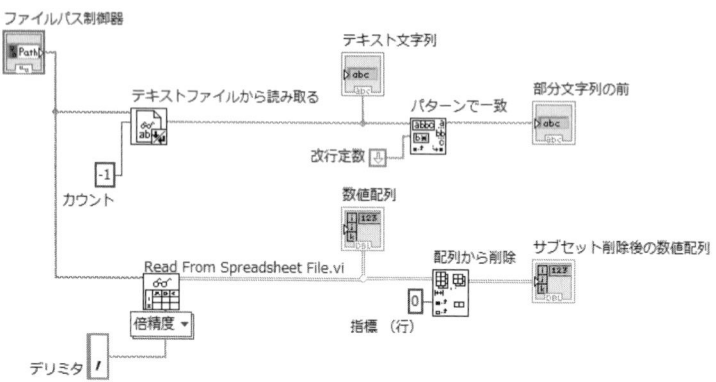

図6-5-1 データファイルを読み取る方法

テキストファイルから読み取る関数は，図6-5-3に示すように「関数パレット→プログラミングパレット→ファイルI/Oパレット→テキストファイルから読み取る」にあります．

テキストファイルから読み取る関数にワイヤで配線されているカウントというラベルが付いた数値定数は，「−1」の値を記入しておいてください．この「−1」という数値は，ファイルに含まれている文字をすべて読み込みなさいという動作を指定するものです．

パターンで一致関数および改行定数，デリミタというラベルが付いた文字列定数は，図6-5-4に示すように「関数パレット→プログラミングパレット→文字列パレット」内にあります．

Read From Spreadsheet File.vi関数は，図6-5-5に示すように「関数パレット→プログラミングパレット→ファイルI/Oパレット→スプレッドシートファイルから読み取る」にあります．

配列から削除関数は，「関数パレット→プログラミングパレット→配列パレット→配列から削除」にあります．

指標（行）というラベルが付いた数値定数は，**配列から削除関数**の入力端子上で右クリックして現れるメニューから「作成→定数」を選択して作成するか，「関数パレット→プログラミングパレット→数値パレット→数値定数」にある数値定数を使ってください．

テキスト文字列および部分文字列の前というラベルが付いた文字列表示器は，図6-5-6に示すように

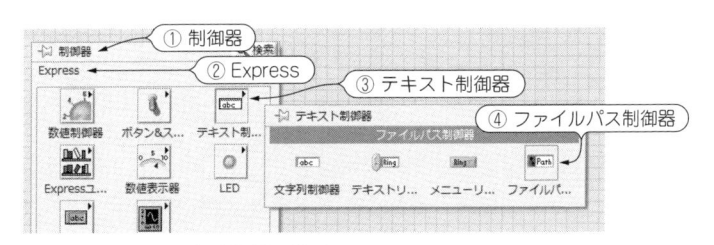

図6-5-2　ファイルパス制御器の場所

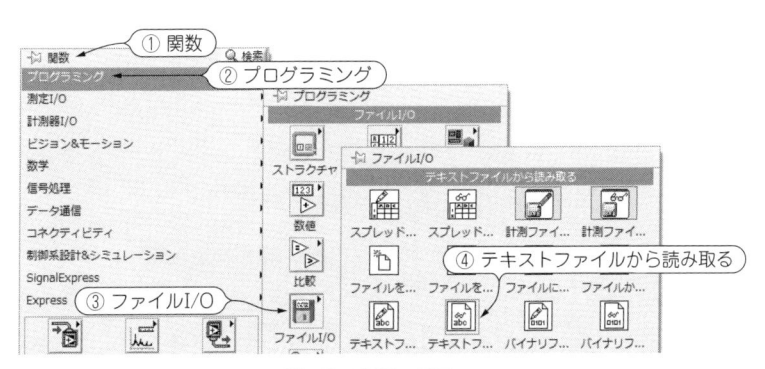

図6-5-3　テキストファイルから読み取る関数の場所

6-5　データファイルを読み取る方法　　159

「制御器パレット→Expressパレット→テキスト表示器パレット→文字列表示器」にあります．

フロントパネルにある数値配列およびサブセット削除後の数値配列というラベルが付いた数値制御器の二次元配列は，関数の出力端子の上で右クリックして現れるメニューから「作成→表示器」を選択して作成するか，数値表示器を配列に入れて作成してください．

図6-5-1のブロックダイアグラムが完成したら，フロントパネルの体裁を整えてください．

プログラムを実行する前に，ファイルパス制御器の右側にある参照ボタンの上で右クリックすると現れるメニューから「参照オプション」を選択し，参照オプションを呼び出してください．参照オプションは，図6-5-7に示すように設定してください．図6-5-7の設定は，ファイルを開くときは既存のファイルのみを開き，ファイルダイアログには拡張子csvが付いたファイルを表示しなさいという意味です．図6-5-7のパターンという項目は，「*.csv」なので，間違えずに記入してください．設定を終えた

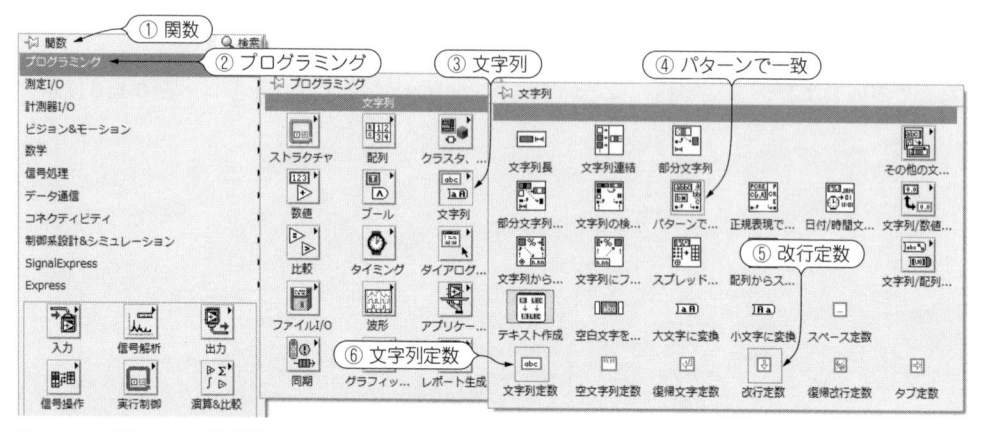

図6-5-4　パターンで一致関数および改行定数，文字列定数の場所

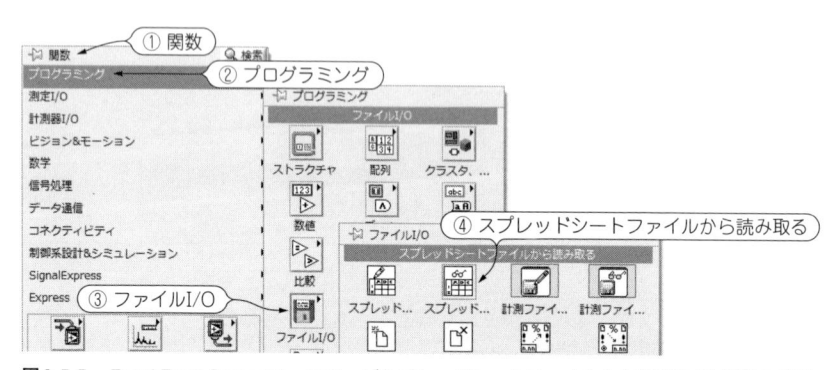

図6-5-5　Read From Spreadsheet File.vi（スプレッドシートファイルから読み取る）関数の場所

ら，OKボタンを押して，参照オプションを閉じてください．

参照ボタンの上で右クリックして現れるメニューから「参照オプション」を押して，どのファイルを開くのかを指定しておいてください．

プログラムを実行すると，指定しておいたファイルの内容が図6-5-1のフロントパネルのように見ることができます．

このプログラムでは，データファイルから文字列をそのまま読み込む**テキストファイルから読み取る関数**を使って，ヘッダ部分だけを取り出す動作になっています．また，**Read From Spreadsheet File.vi関数**は，データファイルに含まれている文字をすべて数値に変換し，数値の配列にする動作をしています．ヘッダ部分は数値として変換されないので，**配列から削除関数**でヘッダ部分を削除しています．

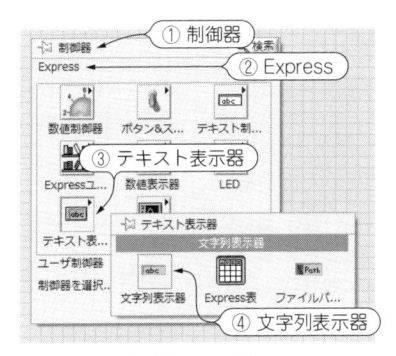

図6-5-6　文字列表示器の場所

図6-5-7　参照オプションの設定

6-5　データファイルを読み取る方法

## 6-6　第6章の章末問題

(1) Excelで開くと，図6-6-1に示すような表データになるcsvファイルが保存されるプログラムを作成してください．

|   | A | B | C | D | E |
|---|---|---|---|---|---|
| 1 | にんじん | だいこん | ぶどう | ほうれんそう | |
| 2 | どんぶり | ちゃわん | さら | なべ | |
| 3 | | | | | |

図6-6-1　文字だけを含むcsvファイル

(2) 図6-4-1のプログラムは，一つのファイルあたり縦1×横5の乱数を保存するプログラムでした．このプログラムを利用して，一つのファイルあたり縦10×横5の乱数を保存するプログラムを作成してください．

(3) 図6-5-1のプログラムを利用して，ファイルから数値を読み込み，その平均値を表示できるプログラムを作成してください．

(4) 図6-4-1のプログラムは，file-0.csv, file-1.csv, file-2.csv, ……, file-10, file-11, ……というファイル名でデータを保存するものでした．図6-4-1のプログラムの応用として，file-0000.csv, file-0001.csv, file-0002.csv, ……, file-0010.csv, file-0011.csv, ……というファイル名で保存できるプログラムを作成してください．
（ヒント：あらかじめ0000という文字列を用意し，この文字列の中の文字を入れ替えて，ファイル名を作成できるようにする）

# 第7章
# 特殊なデータの取り扱い方法

本章では，LabVIEW特有の特殊なデータの取り扱い方法について学んでいきます．

## ▶ 本章の目次 ◀

7-1 ローカル変数の使い方
7-2 ローカル変数の注意点
7-3 波形データとダイナミックデータの取り扱い方法
7-4 数式ノードとフォーミュラノード
7-5 タイミングループ
7-6 複素数の計算
7-7 第7章の章末問題

## 7-1 ローカル変数の使い方

### 概要

LabVIEWでのデータの受け渡しはワイヤによる方法が基本ですが，ワイヤで配線できない部分はローカル変数を使用します．ここでは，ローカル変数の使い方について学びます．

### 課題

図7-1-1に示すのは，ローカル変数を使用する代表的なプログラム例です．このプログラムでは，二つのWhileループが並行して反復実行しています．二つのWhileループを一つの停止ボタンで止めるためには，ワイヤを使わずに値を送ることができる機能を持つローカル変数を使います．

図7-1-1を参考にして，左側のWhileループのブロックダイアグラムを作成してください．

右側のWhileループの反復条件端子にブール値を渡しているのは，ローカル変数です．ローカル変数は，図7-1-2に示すように，左側のWhileループにある停止ボタン上で右クリックして現れるメニューから「作成→ローカル変数」を選択することで作成できます．

フロントパネルに配置するオブジェクトには制御器属性と表示器属性があり，ブロックダイアグラムには入力端子と出力端子があるように，ローカル変数には「書き込み属性」と「読み取り属性」があります．書き込み属性はローカル変数に値を入力させる状態，つまりローカル変数にとっては値を受け入れる状態であり，読み取り属性はローカル変数から値が出力される状態を指します．

図7-1-1のプログラムでは，左側のWhileループにある停止ボタンのブール値をローカル変数で，右側のWhileループの反復条件端子に渡すという動作を利用するので，作成したローカル変数の属性は読み取り属性である必要があります．作成したローカル変数は書き込み属性になっているので，図7-1-3に示すように，ローカル変数の上で右クリックして現れるメニューから「読み取りに変更」を選択して，読み取り属性に変更してください．図7-1-3に示すように，属性が変更されると，ローカル変数の外枠の太さは変化します．

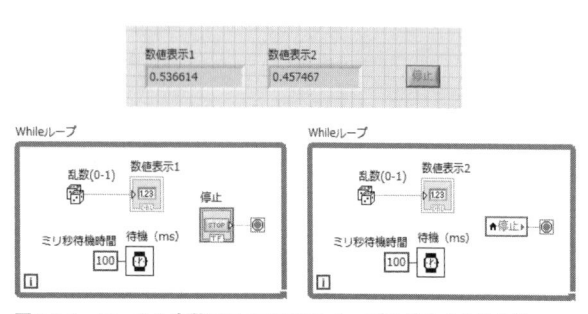

図7-1-1 ローカル変数で二つのWhileループを停止させる方法

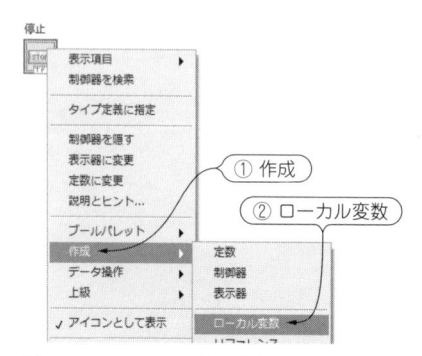

図7-1-2 ローカル変数を作成する方法

次に，停止ボタンの機械的動作の設定を変える必要があります．ExpressパレットからWhileループを作成したときに自動的に現れる停止ボタンは，機械的動作が「ラッチ」に設定されています．ラッチとは跳ね返り型のスイッチのこと（モーメンタリ動作ともいう）を指し，クリック直後に跳ね返って元に戻るという動作をします．ローカル変数では，ラッチ動作を伝達することができないため，**図7-1-4**に示すように，フロントパネルの停止ボタンの上で右クリックして現れるメニューから「機械的動作→押されたらスイッチ」を選択し，設定を変更してください（オルタネイト動作に相当する）．

　プログラムが完成したら，実行してみてください．フロントパネルにある停止ボタンを押すと，二つのWhileループを停止できることを確認してください．このプログラムでは，停止ボタンの機械的動作をスイッチに設定しましたので，再びプログラムを実行する前には，押された状態になっている停止ボタンをクリックして戻すようにしてください．押された状態になっている停止ボタンを元に戻さないと，Whileループは反復実行しません．

　以上のように，ローカル変数は，ワイヤなしでデータを伝達できるため，とても便利な変数です．しかし，正しく使用しないと，正常に動作しないことがあるという不安定なプログラムを作成してしまいます．ローカル変数を使用する上での注意点は，次の7-2節で説明します．

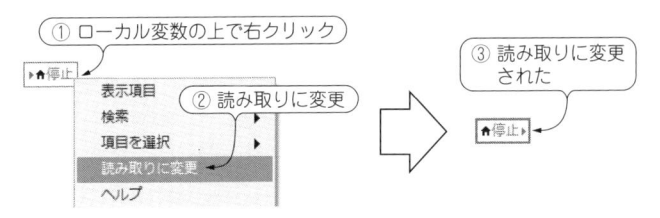

図7-1-3　ローカル変数の属性を変更する方法

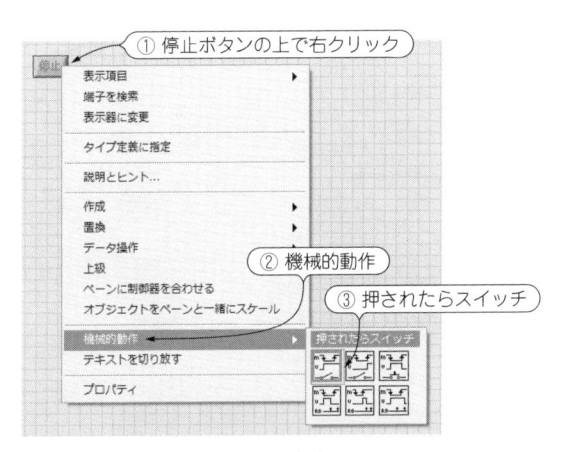

図7-1-4　機械的動作を変更する方法

# 7-2　ローカル変数の注意点

### 概　要

7-1節では，ローカル変数の使い方について学びました．ローカル変数は，ワイヤなしでデータを伝達できるという機能を持っていますが，使い方を誤ると，プログラムが不安定になります．ここでは，ローカル変数を使用する上での注意点を述べ，正しい使用方法について学びます．

### 課　題

図7-2-1は，データを伝達するときに，ローカル変数を使用する場合と使用しない場合との違いを説明しています．

図7-2-1の上段は，入力1の数値をワイヤで出力1に受け渡す方法です．LabVIEWでは，ワイヤを通してデータが流れてきたら実行するというデータフロー方式で実行されるので，入力1というラベルの数値制御器の値を読み込んだら，それが出力1というラベルの数値表示器に表示されます．

図7-2-1の中段は，出力2の書き込み属性のローカル変数を使用しています．入力2の数値は出力2のローカル変数へ伝達されます．出力2のローカル変数に渡された数値は，出力2というラベルの数値表示器で表示されると解釈するかもしれません．しかし，この方法では，「入力2の数値が出力2のローカル変数へ伝達する動作」と「出力2の数値表示器で表示する動作」に優先順位がありません．そのため，出力2の数値表示器がデータを表示した後に，入力2の数値は出力2のローカル変数へ伝達するという順序で実行される可能性があり，この場合は入力2の数値制御器の値が出力2の数値表示器へ伝達されていない状態になります．

図7-2-1の下段は，入力3の読み取り属性のローカル変数を使用しています．入力3の数値制御器の値は入力3のローカル変数で伝達され，入力3のローカル変数の値が出力3の数値表示器で表示されると解釈するかもしれません．しかし，この方法では，「入力3の数値制御器の値が入力3のローカル変数に伝達される動作」と「入力3のローカル変数の値が出力3の数値表示器で表示される動作」に優先順

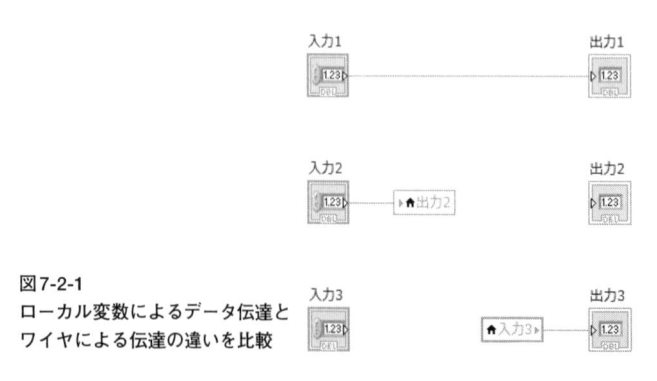

図7-2-1
ローカル変数によるデータ伝達と
ワイヤによる伝達の違いを比較

位がありません．そのため，入力3のローカル変数の値が出力3の数値表示器に伝達されたあとに，入力3の数値制御器の値が入力3のローカル変数に伝達されるという順序で実行される可能性があり，この場合は入力3の数値制御器の値が出力3の数値表示器へ伝達されていない状態になります．

したがって，ローカル変数は優先順位が不明になるような形で使用することを避けなければなりません．正しい使用例を図7-2-2に示します．

図7-2-2に示す方法は，フラットシーケンスストラクチャを使用して，実行する優先順位を指定する方法です．フラットシーケンスストラクチャでは，左側のフレームから実行するので，「入力5の数値が出力5のローカル変数へ伝達される→出力5で数値が表示される」という順番で動作するようになります．しかし，図7-2-2の方法を使用する程度ならば，入力5と出力5をワイヤで配線すれば済む内容であり，図7-2-2は実用性がない内容です．

実用性がある例としては，図7-2-3に示す方法があります．図7-2-3は，フラットシーケンスストラクチャの出力がWhileループに配線されているので，フラットシーケンスストラクチャの実行が終了した後にWhileループが開始するブロックダイアグラムになっています．

図7-2-3は，最初にフラットシーケンスストラクチャで入力6というラベルの数値制御器の値が出力6のローカル変数に伝達された後に，Whileループが反復実行を開始して出力6で数値を表示するため，入力6の値が出力6へ確実に伝達されるようになります．このブロックダイアグラムの流れは，プログラムを実行した直後に出力6で何らかの数値を表示させておきたいときに使用する方法であり，プログ

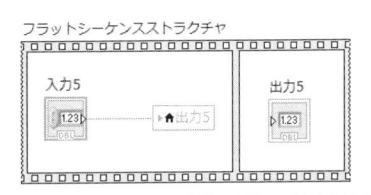

図7-2-2　ローカル変数の正しい使用例（その1）

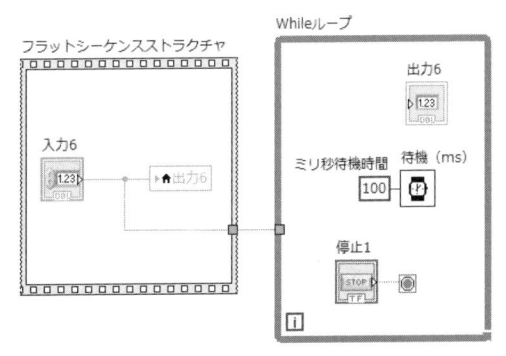

図7-2-3　ローカル変数の正しい使用例（その2）

ラム起動時の初期画面の設定方法として用いられています．

次に，ローカル変数を初期画面の設定方法として利用したプログラムを作成します．先ほどの**図7-1-1**に示したプログラムでは，停止ボタンの機械的動作をスイッチに変更したので，再びプログラムを実行するときは，停止ボタンをあらかじめ元に戻す必要がありました．ここで，**図7-2-4**に示すようにローカル変数を使用すれば，プログラムの実行時に初期値として停止ボタンを元に戻しておくことができます．以下の手順にしたがって，プログラムを作成してください．

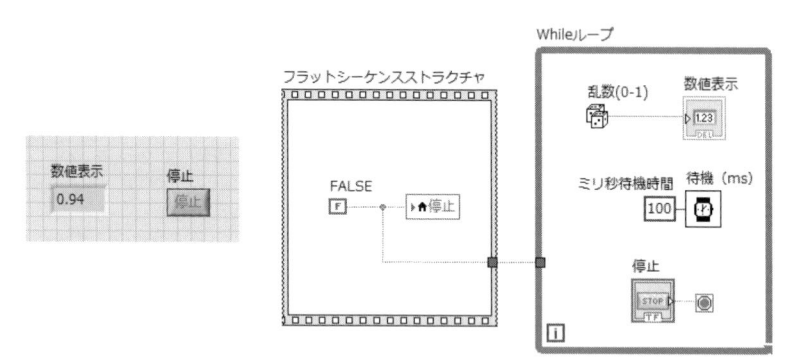

図7-2-4　ローカル変数によって実行時に初期値を与える方法

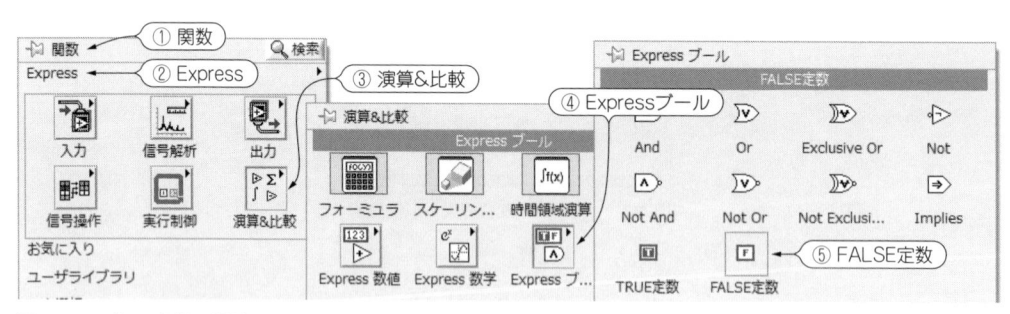

図7-2-5　ブール定数の場所

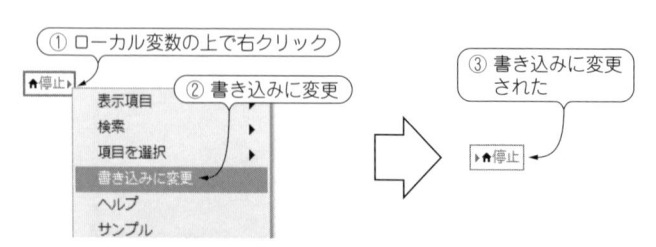

図7-2-6　ローカル変数の属性を変更する方法

168　第7章　特殊なデータの取り扱い方法

## ポイント42　ローカル変数にする制御器や表示器には同じラベルを使用しない

　ローカル変数に表示される名前は，対応する制御器や表示器のラベルが使われています．そのため，同じ名前のラベルの制御器や表示器がある状態でローカル変数を作成すると，どれに対応するローカル変数なのかがわかりにくくなります．ローカル変数がどこに対応しているのかを調べるときは，ローカル変数をダブルクリックすることで，対応する制御器または表示器を点滅させて探すようにしてください．

## ポイント43　書き込み属性のローカル変数が二つ並列に配置されている場合

　ローカル変数を使うときは，優先順位がわかるような形で使用しなければなりません．それでは，**図7-2-7**の場合は，どうなるでしょうか．先に示した**図7-2-1**の中段における優先順位が不明な状態に加えて，入力9の値が出力11のローカル変数へ伝達されるほうが早いのか，入力10の値が出力11のローカル変数へ伝達されるほうが早いのかもわからない状態になっており，出力11には何の値が表示されるのかがわからない状態になっています．しかし，**図7-2-7**と同じ状態になって，正常に動作しないブロックダイアグラムをよく目にするので，くれぐれも注意してください．

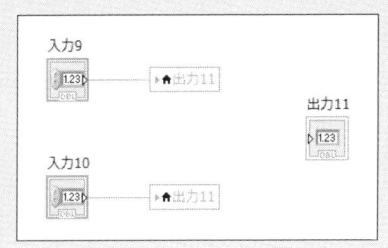

図7-2-7
書き込み属性のローカル変数が二つ並列に配置されているブロックダイアグラム

　先ほどの**図7-1-1**のプログラムを利用します（新規に作成するときは，停止ボタンの機械的動作を押されたらスイッチに設定することを忘れないこと）．そして，フラットシーケンスストラクチャと停止ボタンのローカル変数とブール定数を加えて作成してください．

　フラットシーケンスストラクチャは，「関数パレット→Expressパレット→実行制御パレット→フラットシーケンスストラクチャ」にあります．

　ブロックダイアグラムにあるブール定数のFALSEは，**図7-2-5**に示すように「関数パレット→Expressパレット→演算&比較パレット→Expressブールパレット→FALSE定数」にあります．

　停止ボタンのローカル変数は，**図7-2-6**に示すように，ローカル変数の上で右クリックして現れるメニューから「書き込みに変更」を選択して，属性を変更してください．

　**図7-2-4**のプログラムが完成したら，実行と停止を繰り返して，実行時に停止ボタンが元に戻ることを確認してください．

# 7-3 波形データとダイナミックデータの取り扱い方法

## 概要

これまで数値や文字列，ブール，クラスタ，配列などのデータ形式を取り扱ってきましたが，データ集録デバイスを使用して計測した場合には，波形データタイプまたはダイナミックデータタイプでデータを取り扱う場合があります．ここでは，**信号シミュレーション関数**を使用して，波形データタイプおよびダイナミックデータタイプの取り扱い方を学びます．

## 課題

図7-3-1は，**信号シミュレーション関数**から出力されるダイナミックデータタイプを波形データタイプに変換および数値配列に変換する方法を示しています．

図7-3-1のプログラムのフロントパネルは，図7-3-2に示します．以下の手順にしたがって，図7-3-1のプログラムを作成してください．

本来は，データ集録デバイスを用いて実際に計測したデータを用いるべきですが，本書ではデータ集録デバイスを用いず，代わりに擬似的にデータを得られる**信号シミュレーション関数**を使用します．また，ブロックダイアグラムの関数名等が複雑になっているので，図の中に添えてある番号を使用して説明をします．

①**信号シミュレーション関数**は，「関数パレット→Expressパレット→入力パレット→信号シミュレーション」にあります．この関数はデータ集録デバイスの代わりに，仮想的に計測したデータを出力する関数です．①**信号シミュレーション関数**をクリックすると，図7-3-3に示すウィンドウが開くので，図7-3-3と同じ設定にしてください．

②ダイナミックデータタイプのグラフは，①**信号シミュレーション関数**の出力端子の上で右クリックして現れるメニューから「作成→グラフ表示器」を選択して作成してください．

③**ダイナミックデータから変換（単一波形）関数**は，「関数パレット→Expressパレット→信号操作パ

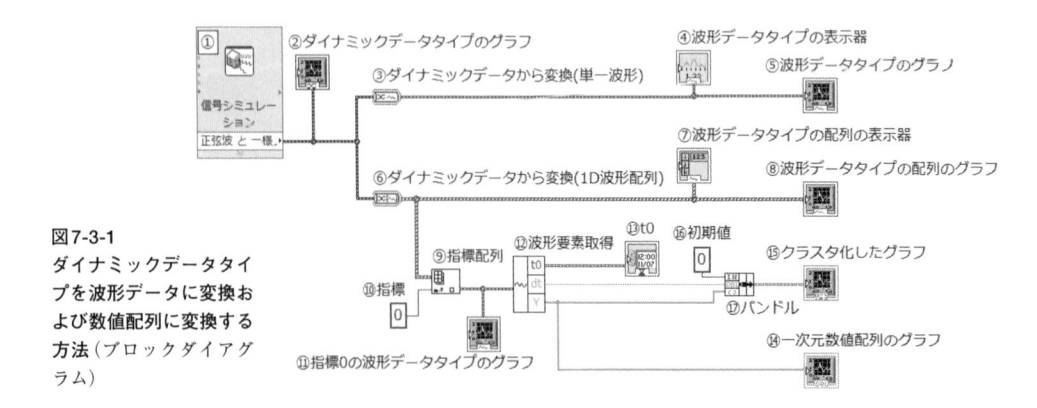

図7-3-1
ダイナミックデータタイプを波形データに変換および数値配列に変換する方法（ブロックダイアグラム）

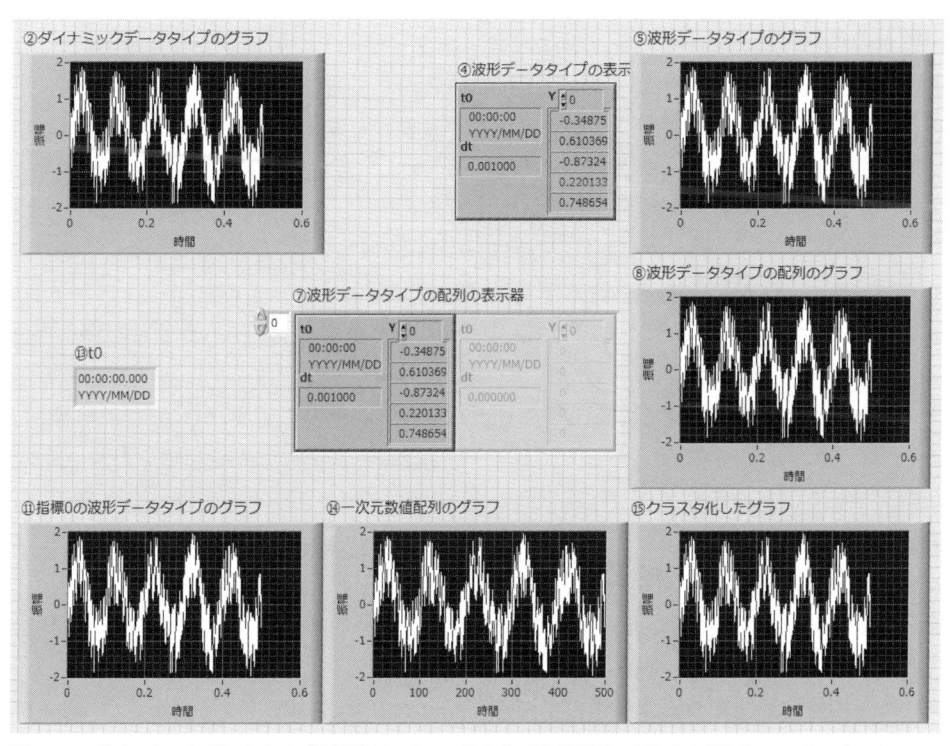

図7-3-2　ダイナミックデータタイプを波形データに変換および数値配列に変換する方法（フロントパネル）

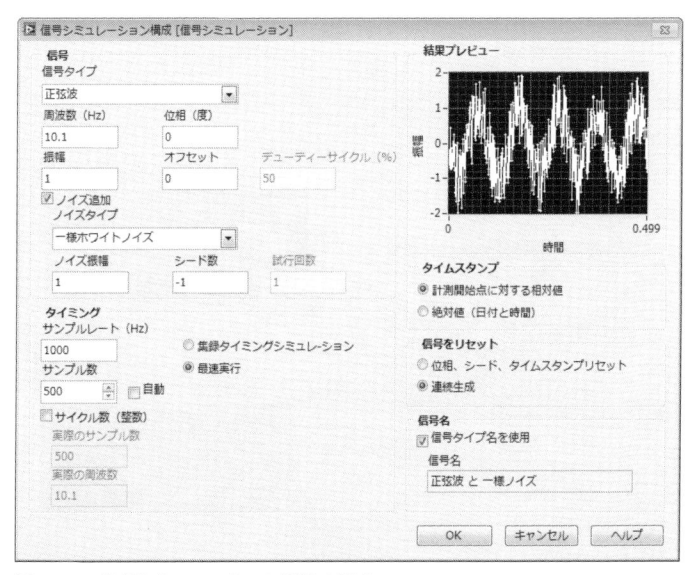

図7-3-3　信号シミュレーション関数の設定

7-3　波形データとダイナミックデータの取り扱い方法

レット→ダイナミックデータから変換」にあります．③**ダイナミックデータから変換関数**をクリックすると，図7-3-4に示すウィンドウが開くので，図7-3-4と同じ設定にしてください．

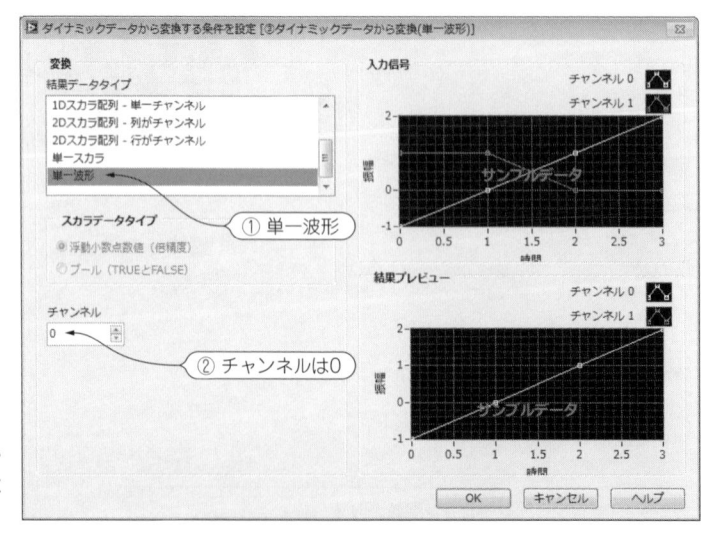

④波形データタイプの表示器は，③**ダイナミックデータから変換（単一波形）関数**の出力端子の上で右クリックして現れるメニューから「作成→表示器」を選択して作成してください．

⑤波形データタイプのグラフは，フロントパネルで右クリックして現れる制御器パレットから「制御器パレット→Expressパレット→グラフ表示器パレット→波形グラフ」を選択して作成してください．

⑥**ダイナミックデータから変換（1D波形配列）関数**は，「関数パレット→Expressパレット→信号操作パレット→ダイナミックデータから変換」にあります．⑥**ダイナミックデータから変換（1D波形配列）関数**をクリックすると，図7-3-5に示すウィンドウが開くので，図7-3-5と同じ設定にしてください．

⑦波形データタイプの配列の表示器は，⑥**ダイナミックデータから変換（1D波形配列）関数**の出力端子の上で右クリックして現れるメニューから「作成→表示器」を選択して作成してください．

⑧波形データタイプの配列のグラフは，フロントパネルで右クリックして現れる制御器パレットから「制御器パレット→Expressパレット→グラフ表示器パレット→波形グラフ」を選択して作成してください．

⑨**指標配列関数**は，「関数パレット→プログラミングパレット→配列パレット→配列指標」にあります．

⑩指標は，⑨**指標配列関数**の入力端子の上で右クリックして現れるメニューから「作成→定数」を選択して作成してください．数値は0を記入してください．

⑪指標0の波形データタイプのグラフは，フロントパネルで右クリックして現れる制御器パレットから「制御器パレット→Expressパレット→グラフ表示器パレット→波形グラフ」を選択して作成してください．

図7-3-4
ダイナミックデータから変換（単一波形）関数の設定

⑫**波形要素取得関数**は,「関数パレット→プログラミングパレット→波形パレット→波形要素取得」にあります.ブロックダイアグラムに配置させたら,**図7-3-6**に示すようにマウス操作で関数を引き伸ばした後に,t0,dt,Yの三つの要素を出力するように設定してください.

⑬t0の表示器は,⑫波形要素取得関数のt0出力端子の上で右クリックして現れるメニューから「作成→表示器」を選択して作成してください.

⑭一次元数値配列のグラフは,フロントパネルで右クリックして現れる制御器パレットから「制御器パレット→Expressパレット→グラフ表示器パレット→波形グラフ」を選択して作成してください.

⑮クラスタ化したグラフは,前述と同様にフロントパネルで右クリックして現れる制御器パレットから「制御器パレット→Expressパレット→グラフ表示器パレット→波形グラフ」を選択して作成してください.

⑯初期値は,「関数パレット→プログラミングパレット→数値パレット→数値定数」にあります.数値は0を記入してください.

⑰**バンドル関数**は,「関数パレット→プログラミングパレット→クラスタ,クラス,バリアントパ

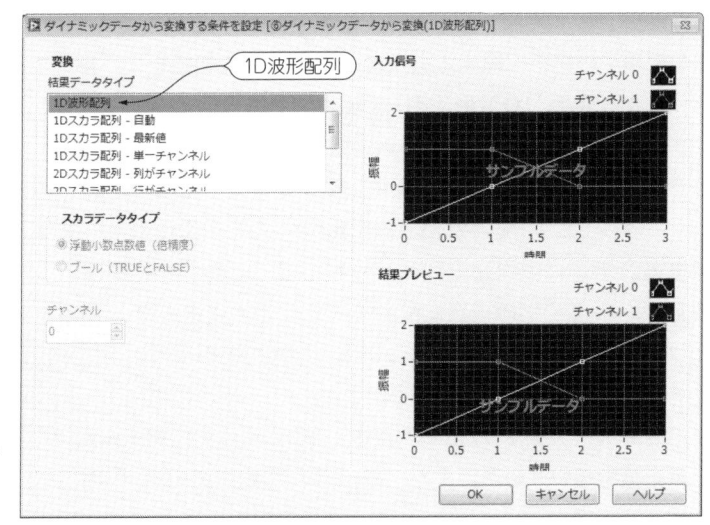

図7-3-5
ダイナミックデータから変換(1D波形配列)関数の設定

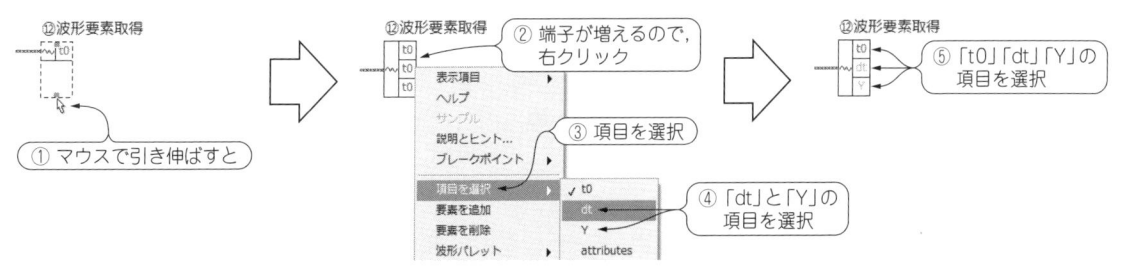

図7-3-6 波形要素取得関数の出力要素を増やす方法

7-3 波形データとダイナミックデータの取り扱い方法

レット→バンドル」にあります．ブロックダイアグラムに配置させたら，マウス操作で関数を引き伸ばして三つの入力端子を表示させてください．

図7-3-1に示すように体裁を整え，ワイヤを配線して完成させてください．

完成したなら，実行してみてください．**信号シミュレーション関数**でノイズが入った正弦波が発生し，各グラフに表示されます．

②ダイナミックデータタイプのグラフは，①信号シミュレーション関数で生成した波形をそのまま表示しています．このときのデータ形式は，ダイナミックデータタイプです．

③**ダイナミックデータから変換（単一波形）**関数は，①信号シミュレーション関数で生成したダイナミックデータタイプに複数チャンネル分のデータが含まれているようならば，0チャンネル目だけを抽出する働きをしています．ここで抽出したデータ形式は波形データタイプになります．この波形データタイプのデータは，④波形データタイプの表示器と⑤波形データタイプのグラフに表示されています．④波形データタイプの表示器をみると，t0，dt，Yの三つの要素が含まれていることがわかります．これは波形グラフにバンドルを組み合わせたときにそっくりです（詳細は図5-6-1を参照）．しかし，波形データタイプとクラスタは同じ要素を含んでいるデータであるのにもかかわらず，互換性はないので，波形データタイプとクラスタの間を直接ワイヤで配線することはできないので注意してください．波形データタイプとクラスタの間を配線する方法は，⑰バンドル関数を使う部分で説明しています．

⑥**ダイナミックデータから変換（1D波形配列）**関数は，①信号シミュレーション関数で生成したダイナミックデータタイプに複数チャンネル分のデータが含まれているようならば，すべてのチャンネル分を波形データタイプの一次元配列として抽出する働きをしています．そのため，④波形データタイプの表示器と⑦波形データタイプの配列の表示器を比較すると，⑦波形データタイプの配列の表示器は④波形データタイプの表示器の一次元配列になっていることがわかります．⑧波形データタイプの配列のグラフは，波形データタイプの一次元配列をグラフとして表示している状態ですが，使用している波形データタイプの一次元配列には0チャンネル分の波形データタイプしか含まれていませんので，描かれているグラフは一つだけになっています．

⑨**指標配列関数**は，波形データタイプの一次元配列の中から0チャンネルだけを抽出する働きをしています．そのため，⑩指標の値は0です．また，抽出された波形データタイプは，⑪指標0の波形データタイプのグラフに表示されていますが，このデータは⑤波形データタイプのグラフとまったく同一のものになっています．つまり，⑤波形データタイプのグラフへのデータと⑪指標0の波形データタイプのグラフへのデータは抽出する過程が違っていますが，含まれる要素はまったく同じです．どちらの抽出方法がよいかは個人の好みに依存しますが，ブロックダイアグラムをみたときに，何番目の指標の波形データタイプを抽出しているのかどうかを直感的に判断できるのは，⑨**指標配列関数**を使用した方法と言えます．

⑫**波形要素取得関数**は，波形データタイプに含まれるt0，dt，Yの三つの要素を抽出する働きがあります．⑬t0の表示器は，抽出されたt0の値を表示するものです．①信号シミュレーション関数で得たダイナミックデータタイプの場合は，t0の値は空の状態ですが，データ集録デバイスによる計測で得た

### ポイント44 ダイナミックデータタイプと波形データタイプとバンドルのデータの違い

　当初のLabVIEWは，波形グラフにデータを表示させる方法として，**図5-6-1**で示したようなバンドルによる方法を使用していました．そして，LabVIEW7からは波形データタイプが採用され，その後，ダイナミックデータタイプに変化を遂げました．

　以前からのプログラムを更新して使っている場合は，バンドルタイプのデータを使っている場合があるので，きちんとこれらのデータタイプを使いこなせることが大切です．

　特にDAQとよばれるデータ集録デバイスなどを使用した場合には，ダイナミックデータタイプで計測されます．過去に作成したプログラムの解析部分を利用する場合は，ダイナミックデータタイプを波形データタイプまたはバンドルによるデータに変換する必要があります．

　データタイプの変換過程でよくわからなくなってしまったときは，既知の値を与えて，どういう結果になるのかを試してみて，動作を検証することが達人への近道です．

---

ダイナミックデータタイプには現在時刻が含まれるようになります．

　⑭一次元数値配列のグラフは，⑫**波形要素取得関数**で抽出されたYの要素を表示しています．⑤波形データタイプのグラフと⑭一次元数値配列のグラフを比較すると，⑭一次元数値配列のグラフはdtの要素がない状態ですが，波形の形としては同じであることがわかります．⑭一次元数値配列のグラフのデータ形式は，数値の一次元配列になっているので，配列関数や各種数値解析，四則演算などの計算が容易です．

　⑮クラスタ化したグラフは，t0，dt，Yの三つの要素を⑰**バンドル関数**でクラスタ化させて表示する方法を示しています．⑯初期値は0としました．⑤波形データタイプのグラフと⑮クラスタ化したグラフを比較すると，データタイプが異なっていますが，表示されている波形の情報は同一になります．

### ポイント45　サブVIとは

　大きくなってしまったブロックダイアグラムの面積を小さくする方法として，サブVI化があります．**図7-3-1**をサブVI化させるときは，**図7-3-7**のように，矢印ツールで囲ったあと，メニューバーの「編集→選択範囲をサブVIに変換」を選択することで，一つの関数として変換することができます．お客様に納品するようなプログラムを作成するときは，サブVI化させるときに各入出力端子の位置を定義したほうがよいのですが，研究室や開発室などのように職場のグループ内で使用するプログラムならば，この簡易的な方法「選択範囲をサブVIに変換」で十分です．サブVIを作成したときは，サブVI自身をファイルとして保存することを忘れないようにしてください．

　あまりにもブロックダイアグラムに多くのサブVIを作ってしまうと，プログラムの修正が難しくなってしまう場合があるので，注意してください．

図7-3-7
サブVI化する方法

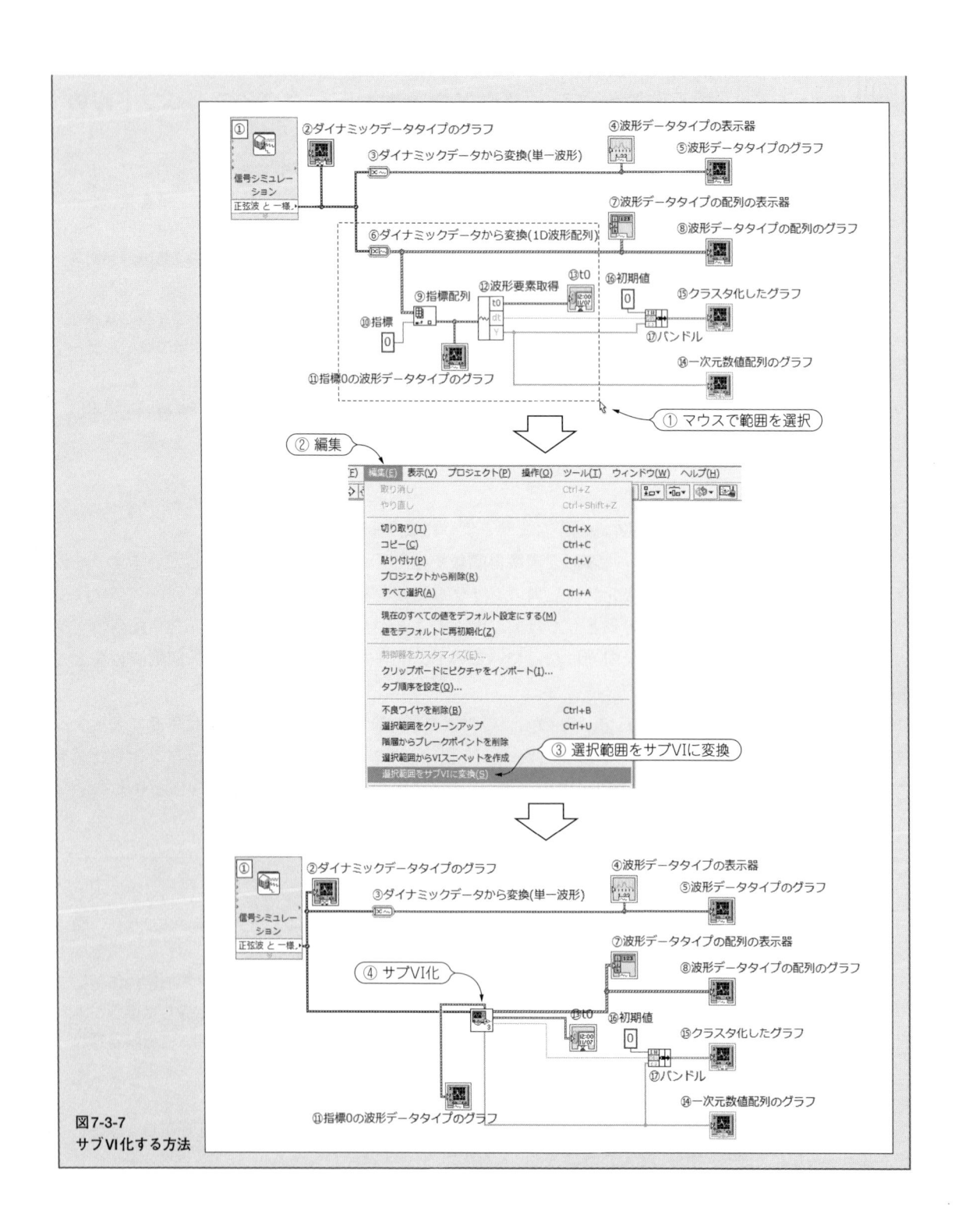

176　第7章　特殊なデータの取り扱い方法

## ポイント46　ライブラリ関数呼び出しノードとは

**図7-3-8**に示すように「関数パレット→プログラミングパレット→数学パレット→確率と統計パレット→平均」には，一次元配列の中に含まれる数値の平均を計算する関数があります（LabVIEWのグレードによっては，上級の数学関数がない）．これをブロックダイアグラム上に配置して，クリックして開くと，**図7-3-9**に示すように，平均関数のブロックダイアグラムに「ライブラリ関数呼び出しノード」というものが置いてあります．ライブラリ関数呼び出しノードは，DLL（ダイナミックリンクライブラリ）を呼び出すために使用する命令です．例えば，長らく研究室内で，C言語で書かれた解析プログラムを使用していたとしましょう．このC言語で書かれた解析プログラムを，そのままLabVIEWで流用したいときは，そのC言語のプログラムからDLLを作成し，ライブラリ関数呼び出しノードでDLLを呼び出せば流用できるようになります．

ライブラリ関数呼び出しノードは，「関数パレット→コネクティビティ→ライブラリ＆実行可能ファイル→ライブラリ関数呼び出しノード」にあります．使用方法は難しいので，本書では取り上げませんが，興味があったら，ナショナルインスツルメンツのwebページで使い方を調べてみてください．

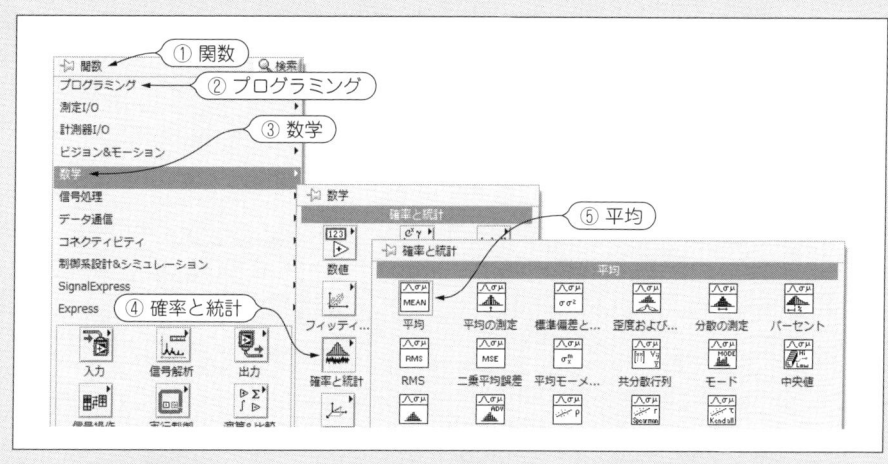

図7-3-8　平均関数の場所

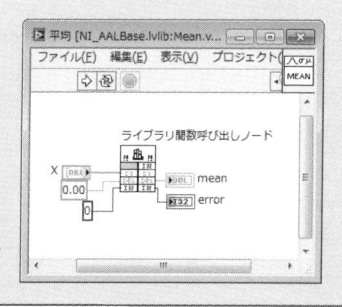

図7-3-9
平均関数のブロックダイアグラムにあるライブラリ関数呼び出しノード

# 7-4 数式ノードとフォーミュラノード

### 概要

LabVIEWでの数式の計算は，ワイヤで四則演算関数などを配線する方法です．テキストベースのプログラミング言語のようにy = ax + bのような計算式を使用したい場合は，数式ノードまたはフォーミュラノードを使用します．ここでは，数式ノードおよびフォーミュラノードの使い方を学びます．

### 課題

図7-4-1は，数式ノードおよびフォーミュラノードのプログラムを示しています．次に順序にしたがって，図7-4-1のプログラムを作成してください．

数式ノードの場所は，「関数パレット→プログラミングパレット→数値パレット→数式ノード」にあります．

数式ノードに接続されている数値表示器は，図7-4-3に示すように，数式ノードの右端にある出力端子で右クリックして現れるメニューから「作成→表示器」を選択して作成してください．同様に，数値

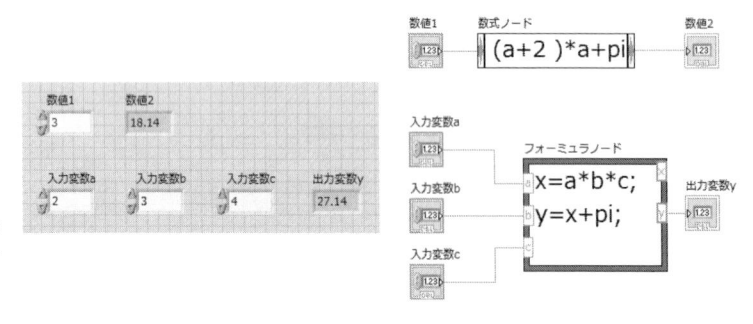

図7-4-1
数式ノードおよび
フォーミュラノード
の使用方法

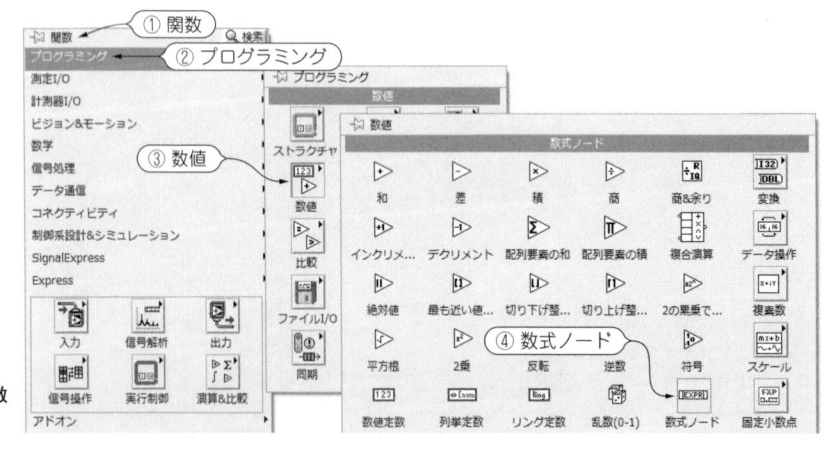

図7-4-2
数式ノード関数
の場所

178    第7章　特殊なデータの取り扱い方法

制御器も右クリックして作成してください．

ラベリングツールを使用して，数式ノードの中に数式を記入してください．**図7-4-1**のブロックダイアグラムの場合は，入力する値をaとして，$(a+2) \times a + \pi$ を計算する数式になっています（*は積として扱われ，piは円周率πとして計算される）．

数式ノード部分が完成したら，フォーミュラノードを作成してください．フォーミュラノードは，

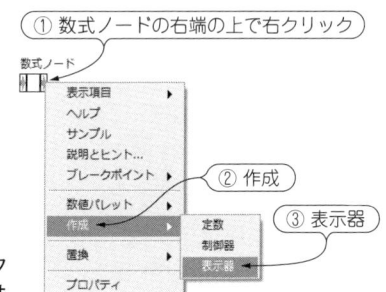

図7-4-3
数式ノードの右端の出力端子上で右クリックして数値表示器を作成する方法

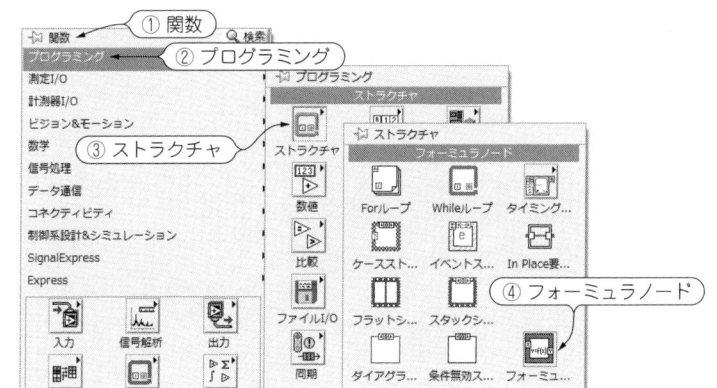

図7-4-4
フォーミュラノードの場所

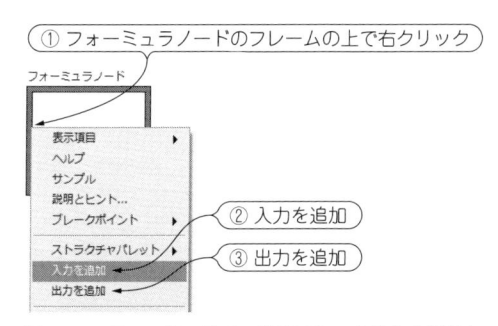

図7-4-5　フォーミュラノードのフレームに入力端子および出力端子を作成する方法

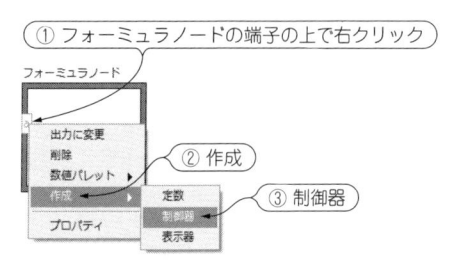

図7-4-6　フォーミュラノードの入力端子から数値制御器を作成する方法

7-4　数式ノードとフォーミュラノード　179

表7-4-1 使用できる主な演算子

| 関　　数 | 対応するLabVIEW関数 | 説　　明 |
|---|---|---|
| abs(x) | 絶対値 | xの絶対値を返す |
| acos(x) | Inverse Cosine | xの逆余弦をラジアンで計算する |
| acosh(x) | Inverse Hyperbolic Cosine | xの双曲逆余弦を計算する |
| asin(x) | Inverse Sine | xの逆正弦をラジアンで計算する |
| asinh(x) | Inverse Hyperbolic Sine | xの双曲逆正弦を計算する |
| atan(x) | Inverse Tangent | xの逆正接をラジアンで計算する |
| atan2(y,x) | Inverse Tangen(2 Input) | x/yの逆正接をラジアンで計算する |
| atanh(x) | Inverse Hyperbolic Tangent | xの双曲逆正接を計算する |
| ceil(x) | 切り上げ整数化 | xを次に大きい整数に切り上げる (最も小さい整数x) |
| cos(x) | Cosine | xの余弦値を計算する．xの単位はラジアン |
| cosh(x) | Hyperbolic Cosine | xの双曲余弦を計算する |
| cot(x) | Cotangent | xの余接を計算する (1/tan(x))．xの単位はラジアン |
| csc(x) | Cosecant | xの余割を計算する (1/sin(x))．xの単位はラジアン |
| exp(x) | 指数 | eのx乗の値を計算する |
| expm1(x) | 指数関数(Arg) − 1 | eのx乗から1を引いた値 ($(e^x)-1$) を計算する |
| floor(x) | 切り下げ整数化 | xを次に小さい整数に丸め込む (最も大きい整数x) |
| getexp(x) | 仮数 & 指数 | xの指数を返す |
| getman(x) | 仮数 & 指数 | xの仮数を返す |
| int(x) | 最も近い値に丸め込み | xを最も近い整数に丸め込む |
| intrz(x) | − | xを，xと0の間の最も近い整数に丸め込む |
| ln(x) | 自然対数 | eを底としてxの自然対数を計算する |
| lnp1(x) | 自然対数(Arg + 1) | (x + 1)の自然対数を計算する |
| log(x) | 常用対数 | 10を底としてxの対数を計算する |
| log2(x) | 底2の対数 | 2を底としてxの対数を計算する |
| max(x,y) | 最大最小 | xとyを比較して大きい値を返す |
| min(x,y) | 最大最小 | xとyを比較して小さい値を返す |
| mod(x,y) | 商&余り | 商を負の無限大方向に丸め込むときのx/yの余りを計算する |
| pow(x,y) | XのY乗 | xのy乗を計算する |
| rand() | 乱数(0 − 1) | 0〜1の間の浮動小数点を排他的に生成する |
| rem(x,y) | 商&余り | 商を最も近い整数に丸め込むときのx/yの余りを計算する |
| sec(x) | Secant | xの正割を計算する．xの単位はラジアン (1/cos(x)) |
| sign(x) | 符号 | xが0より大きい場合は1を返し，xが0と等しい場合は0を返し，xが0より小さい場合は−1を返す |
| sin(x) | Sine | xの正弦値を計算する．xの単位はラジアン |
| sinc(x) | Sinc | xの正弦をxで除算した正弦値 (sin(x)/x) を計算する．xの単位はラジアン |
| sinh(x) | Hyperbolic Sine | xの双曲正弦を計算する |
| sizeOfDim(ary,di) | − | 配列aryに対して指定された次元diのサイズを返す |
| sqrt(x) | 平方根 | xの平方根を計算する |
| tan(x) | Tangent | xの正接値を計算する．xの単位はラジアン |
| tanh(x) | Hyperbolic Tangent | xの双曲正接を計算する |
| pi | 円周率 | 円周率 $\pi$ |

図7-4-4に示すように，「関数パレット→プログラミングパレット→ストラクチャパレット→フォーミュラノード」にあります．

フォーミュラノードをブロックダイアグラム上に配置したら，図7-4-5に示すようにフォーミュラノードのフレーム上で右クリックして現れるメニューから「入力を追加」と「出力を追加」を選択して，フレームの左側には入力端子を作成し，フレームの右側には出力端子を作成してください．端子を作成したら，ラベリングツールを使用して，図7-4-1のブロックダイアグラムと同じように，入力端子にはa，b，cの変数名を記入し，出力端子にはx，yの変数名を記入してください．図7-4-1のフォーミュラノード内では「x = a * b * c;」という形で変数xを使用しているので，出力端子として変数名xは必要になります．

入力端子と出力端子が作成できたら，図7-4-6に示すように，各入力端子の上で右クリックして現れるメニューから数値制御器を作成してください．同様に出力端子側にも数値表示器も作成してください．

ラベリングツールを使用して，フォーミュラノードの中に数式を記入してください．図7-4-1のブロックダイアグラムの場合は，入力する変数値をaとbとcとして，x = a×b×cを計算し，y = x + π を計算する数式になっています（*は積として扱われ，piは円周率πとして計算される）．最後に，セミコロン（;）が必要なので，忘れずに記入してください．

完成したら，プログラムを実行して，動作に間違いがないかどうかを確認してください．

数式ノードおよびフォーミュラノードでは，表7-4-1に示すような演算子が使用できるので，LabVIEWは数値計算にも応用できることがわかります．なお，数学では足し算よりも掛け算を先に計算するという優先度があります．これらの演算子の優先度を表7-4-2に示します．さらに詳しい情報が必要なときは，ヘルプを参照してください（数式ノードまたはフォーミュラノードの上で右クリックして現れるメニューからヘルプを選択すれば，ヘルプファイルが開く）．

**表7-4-2 演算子の優先度**

以下の表は，演算子を優先度の高い順に示している．同じ行にある演算子の優先度は同じ．

| | |
|---|---|
| ** | 指数 |
| +，-，!，～，++，および-- | 単項加算，単項反転，論理否定，ビット補数，前置インクリメント，後置インクリメント，前置デクリメント，後置デクリメント<br>++および--は数式ノードでは無効 |
| *，/，% | 乗算，除算，剰余 |
| +および- | 加算，減算 |
| >>および<< | 算術右シフト，左シフト |
| >，<，>=，および<= | 大きい，小さい，以上，以下 |
| !=および== | 不等号，等号 |
| & | ビット積 |
| ^ | ビット単位の排他的論理和 |
| \| | ビット和 |
| && | 論理積 |
| \|\| | 論理和 |

## 7-5 タイミングループ

**概要**

5-2節のポイント38で述べたように，**待機(ms)関数**による時間間隔の制御は，絶対に保証されるものでありません．多少の遅れが生じます．その解決策として，ここではタイミングループの使用方法を説明します(LabVIEW7以前には，タイミングループ機能が備わっていない)．

**課題**

図7-5-1は，図5-2-1のプログラムを流用して，タイミングループを適用したものです．次の順序にしたがって，図7-5-1のプログラムを作成してください．

図5-2-1のプログラムを流用して，図7-5-2のように，Whileループの中から**待機(ms)関数**を削除し，Whileループのフレーム上で右クリックして現れるメニューから「タイミングループと置換」を選択してください．

タイミングループに置き換えたら，図7-5-3に示すように，左側にあるdt端子の上で右クリックして現れるメニューから「作成→制御器」を選択して，dt端子に与える数値制御器(ラベルは周期)を作成し

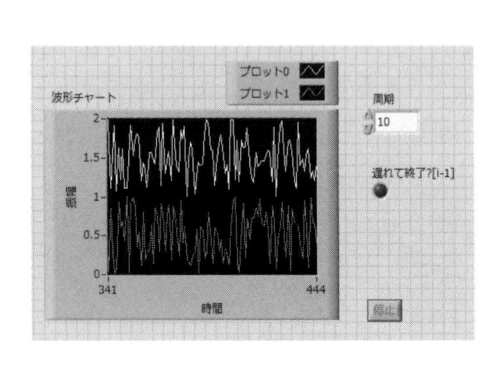

図7-5-1　タイミングループを使用したプログラム

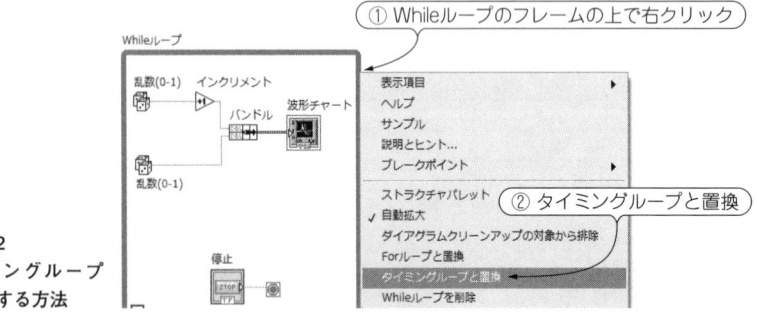

図7-5-2　タイミングループと置換する方法

てください．このdt端子に入力する値がループを繰り返す時間間隔となります（単位はミリ秒）．

**図7-5-4**に示すように，タイミングループの内側にある端子をマウスで引き伸ばして，「遅れて終了？」の端子を増やしてください．次に，**図7-5-5**のように，「遅れて終了？」の端子の上で右クリックして「作成→表示器」を選択して，遅れて終了？の円LEDのブール表示器を作成してください．

プログラムが完成したら，周期というラベルがついている数値制御器に，1や1000などの値を入力して実行してください．周期を変えたときは，プログラムを再び実行してください．

ループ内の計算処理が，周期に指定した時間に間に合わないときは，遅れて終了？の円LEDが点灯します．よく確認できないときは，周期の設定を短くして，なにか他のソフトウェアを立ち上げるなどパソコンに負荷がかかる状態にすると，点灯しやすくなります．この方法によって，時間間隔に遅れが発生していないかどうかを調べることができます．

図7-5-3 周期というラベルの数値制御器を作成する方法

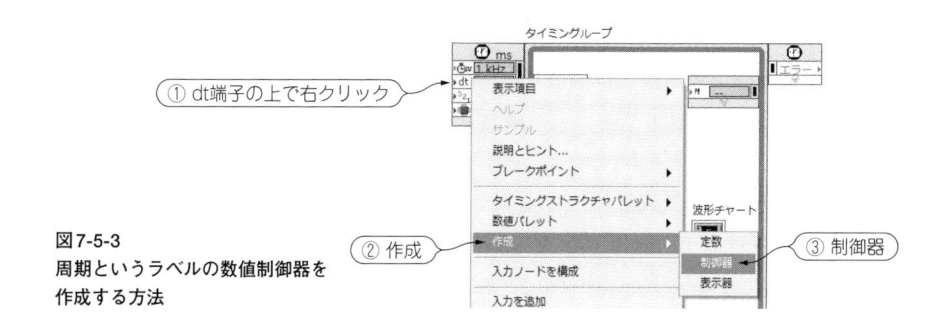

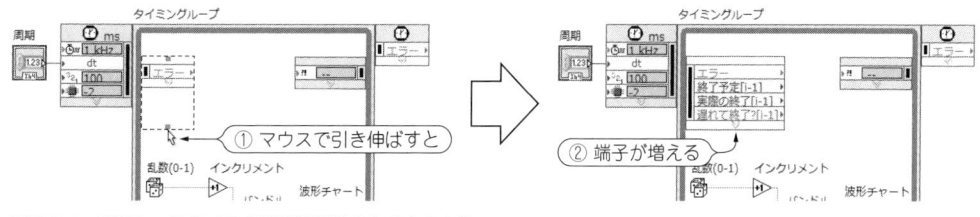

図7-5-4 周期というラベルの数値制御器を作成する方法

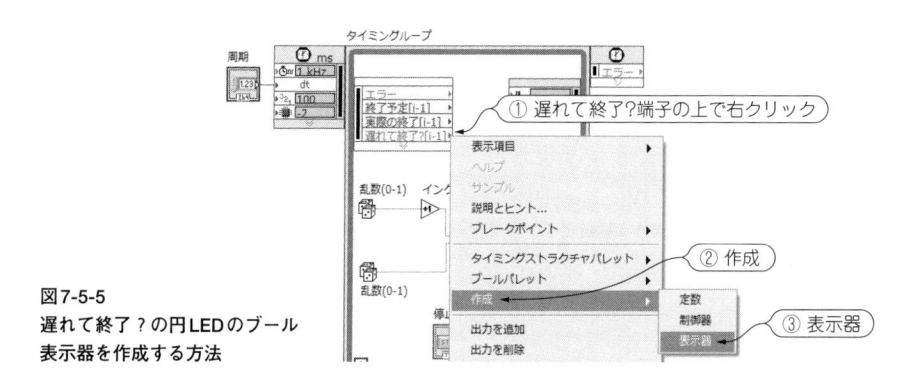

図7-5-5 遅れて終了？の円LEDのブール表示器を作成する方法

7-5 タイミングループ 183

# 7-6 複素数の計算

### 概 要

LabVEWでは，虚数を含む複素数を計算することができます．ここでは，交流回路を例に挙げて，複素数の計算方法を説明します．もし，交流回路がわからない場合は，関数の使い方を学ぶようにしてください．

### 課 題

図7-6-1は，抵抗とインダクタンスによる電気回路を示しています．図7-6-2は，この電気回路に交流電圧が加えられたときに流れる電流を求めるプログラムです．次の順序にしたがって，プログラムを作成してください．

ブロックダイアグラムにある**直交座標を複素数に変換関数，複素数を極座標に変換関数**は，「関数パレット→プログラミングパレット→数値パレット→複素数パレット」内にあります．

**複合演算関数，商関数**は，「関数パレット→Expressパレット→演算＆比較パレット→Express数値パレット」内にあります．**複合演算関数**を使用するときは，図7-6-3に示すように，関数の上で右クリックして現れるメニューから「モードを変更→積」に設定してください．

$2\pi$の数値定数は，「関数パレット→Expressパレット→演算＆比較パレット→Express数値パレット→Express数学＆科学定数パレット→$2\pi$」にあります．

**配列連結追加関数**は，「関数パレット→プログラミングパレット→配列パレット→配列連結追加」にあります．

完成したら，図7-6-2のフロントパネルのように数値を入力して実行してください．

複素数の計算が簡単に実行できることがわかります．うまく作動しないときは，解答のプログラムを実行してみてください．

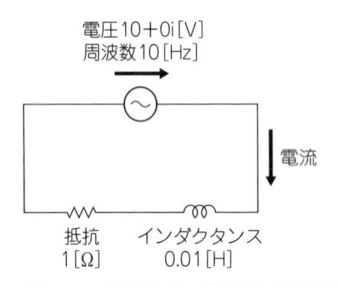

図7-6-1 抵抗とインダクタンスの電気回路

第7章 特殊なデータの取り扱い方法

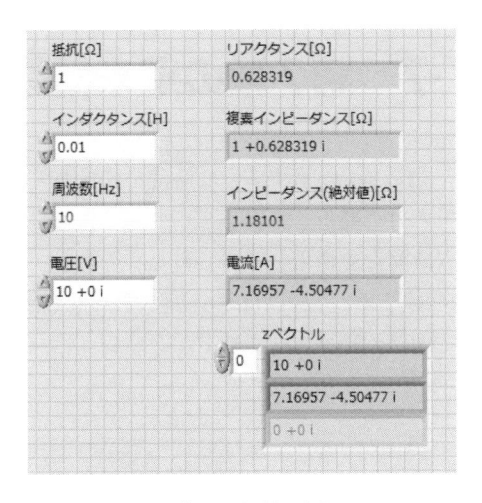

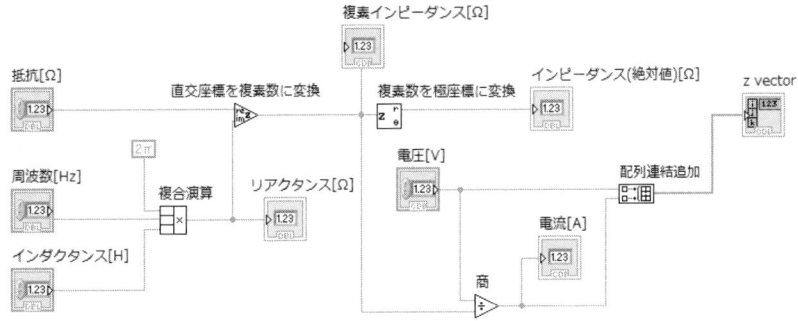

図7-6-2 複素数による電気回路の計算プログラム

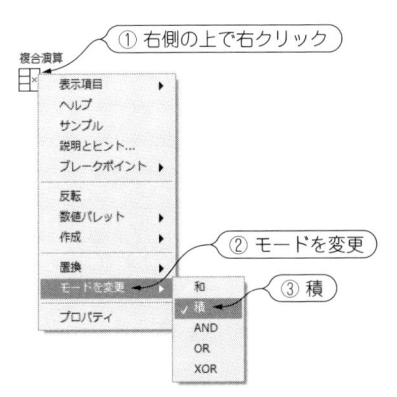

図7-6-3 モードを変更する方法

7-6 複素数の計算

## 7-7　第7章の章末問題

(1) 現在時刻を取得することで，図7-7-1に示すような時計を作成してください．時計は，秒針だけの時計，分針だけの時計，時針だけの時計，これら三つを備えた時計の4種類を作成してください．（ヒント：**日付/時間を秒で取得関数**を使用し，得られた秒の値を，**倍精度浮動小数に変換関数**を使用して，倍精度DBL形式に変換する．1分は60秒，1時間は3600秒，半日は43200秒であることを利用する．割り算は，「関数パレット→プログラミングパレット→数値パレット→商&余り」にある**商&余り関数**を使用する）

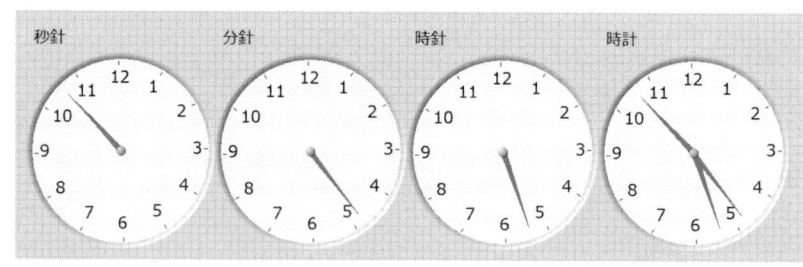

図7-7-1
現在時刻を表示する4種類の時計プログラム

(2) 乱数Aと乱数Bを発生させて，これらの積を**積関数**で求めて表示するWhileループを作成してください．さらに同じブロックダイアグラム内に乱数Cと乱数Dを発生させて，これらの積をフォーミュラノードで求めて表示するWhileループを作成してください．どちらのWhileループにも，図7-7-2に示すように，反復端子の値を表示させるようにしてください．Whileループ内には，**待機(ms)関数**を配置しない状態で，最速で反復実行させてください．そして，反復端子の値を比較して，どちらの計算方法が速いかどうかを確かめてください（反復端子の値が1億を超える瞬間を比較するとよい）．なお，二つのWhileループを停止させるためには，ローカル変数が使用できます．

図7-7-2
積関数とフォーミュラノードによる積の計算速度を比較するプログラム

(3) 図7-7-3に示すように，100以下の素数をすべて求めて，一次元配列として表示するプログラムを作成してください．

図7-7-3
素数を求めるプログラム

## ■ おわりに

　LabVIEWは計測器の制御用に開発されたプログラミング言語であり，独特のGUIを使ってプログラミングをすることによってナショナルインスツルメンツの計測制御デバイスや他社の計測器をはじめとした機器類を簡単に制御できるようになります．ところが，計測器に対して命令を与えて単発で測定ができるようになったとしても，ユーザが必要としている設計仕様に合わせて，自動的に次の動作を判断しながら繰り返し実行するプログラムを開発するためには，数値や文字列の扱い方，繰り返し命令と配列の特徴など，プログラミングの基本をしっかりと理解しておかなければなりません．

　本書は，筆者がLabVIEWの初心者に対して常に指導してきた「最初に知っておかなければならない基礎事項」をまとめたものであり，本書をしっかりと理解すれば，プログラミングの基本はもちろん，複雑な動作をするプログラムさえも自力で開発する力が身に付く内容になっています．

　LabVIEWには多くの関数が含まれており，それらすべてを本書で紹介することはできませんが，本書で紹介した学習方法のように，どういう動作をする関数なのかがわからない場合は，関数に対して制御器を使って仮のデータを入力し，実行後の表示器には，どのような結果が現れるのかどうかを試してみることが関数の動作を理解する早道です．

　LabVIEWは研究開発や生産工程の効率をアップさせる強力なツールです．ぜひとも，本書で学んだ内容を活かし，データ形式の変換や配列の組み立て，繰り返し命令を自在に操って，次のステップに向けて進み続けてください．

2013年1月　小澤　哲也

# 索引

## ■記号・数字■

'¥'コード表示 ･････････････････････････ 91
0に等しくない?関数 ･････････････････ 152
1D配列検索関数 ･･･････････････････････ 72
1D配列反転関数 ･･･････････････････････ 72
2D配列転置関数 ･･･････････････････････ 73

## ■A■

And関数 ･･････････････････････････････ 54

## ■C■

Certificate of Ownership ･･････････････ 10
create_plot_surface.vi関数 ･･･････････ 144
csvファイル ････････････････････････ 148

## ■F■

Forループ ････････････････････････････ 94

## ■L■

LED ･･････････････････････････････････ 52

## ■M■

Measurement & Automation Explorer ･･････ 11

## ■N■

Not Or関数 ･･････････････････････････ 54

Not関数 ･･････････････････････････････ 54

## ■O■

Or関数 ･･･････････････････････････････ 54

## ■P■

PXI ･･････････････････････････････････ 9

## ■R■

Read From Spreadsheet File.vi関数 ･･････････ 159

## ■W■

Write To Spreadsheet File.vi関数 ･････････ 149

## ■X■

XScale.Maximunのプロパティノード ･･････ 135
XScale.Minimumのプロパティノード ･･････ 136
XScale.Multiplierのプロパティノード ･････ 129
XScale.Offsetのプロパティノード ･･･････ 128
XScale.ScaleFitのプロパティノード ･･････ 135
XYグラフ ･･･････････････････････････ 138

## ■Z■

ZScale.MarkerVals[ ]のプロパティノード ･････ 142

## ■ ア行 ■

- アクティブ化 ･･････････････････････････ 10
- 以上？関数 ･･････････････････････････ 83
- 一時停止ボタン ･･････････････････････ 27
- イベントストラクチャ ･･････････････････ 115
- インクリメント関数 ･･････････････････ 112
- インクリメントを挿入する方法 ･････････ 42
- インストール ････････････････････････ 10
- ウィンドウのスクロールツール ････････ 19
- 円周率 ･･････････････････････････ 43, 179
- オブジェクトのショートカットツール ･････ 19
- オフセット位置 ････････････････････ 48

## ■ カ行 ■

- 改行を表示する方法 ････････････････ 91
- カウント ･･････････････････････････ 159
- カウント端子 ････････････････････････ 94
- 書き込み属性 ････････････････････ 164
- 学生パッケージ ･･････････････････････ 9
- カラーパレットツール ･･････････････ 19
- 関数パレット ･･････････････････････ 16
- カンマ区切り ･･････････････････････ 74
- 機械的動作 ･･････････････････････ 52
- 機械的動作の設定を変える ･･･････ 165
- 旧バージョン用に保存 ･･････････････ 21
- 強制停止方法 ････････････････････ 27
- 強度グラフ ･･････････････････････ 140
- クラスタ ･････････････････････････ 76
- クラスタ順位 ･･････････････････････ 77
- クラスタ制御器 ･･･････････････････ 76
- クラスタ内の各要素を取り出す方法 ･････ 76
- クラスタ内の制御器の並べ替え ･･････ 77
- グラフパレット ･･････････････････ 137
- 形式文字列 ･･････････････････････ 49
- ゲージ ･････････････････････････ 31
- ケースストラクチャ ････････････････ 82
- このケースをデフォルトにする ･･････ 85
- コピー方法 ･･････････････････････ 32

## ■ サ行 ■

- 参照オプション ･･････････････････ 149
- シーケンスストラクチャ ･･････････････ 92
- 四則演算関数 ･････････････････ 16, 178
- 実行ボタン ････････････････････････ 26
- 自動スケールを解除する方法 ･･････ 119
- 自動選択ツール ･･････････････････ 19
- 指標付け使用 ････････････････････ 96
- 指標付け不使用 ･･････････････････ 96
- 指標配列関数 ････････････････････ 66
- 指標表示 ････････････････････････ 59
- シフトレジスタ ･･････････････････ 106
- シフトレジスタの初期値 ････････････ 111
- シフトレジスタの要素を追加 ･･････ 110
- 消去方法 ･･････････････････････ 32
- 初期スキャン位置 ･･････････････････ 49
- シリアル番号 ････････････････････ 10
- 信号シミュレーション関数 ･･･････････ 170
- スイープチャート ･････････････････ 121
- 数値制御器 ････････････････････ 28
- 数値定数 ････････････････････････ 29

索引 189

| | |
|---|---|
| 数値表示器 ………………………… 29 | デバイスドライバ ………………… 11 |
| スコープチャート ………………… 121 | デリミタ …………………………… 74 |
| スタックシーケンスストラクチャ … 92 | 転置?ブール定数 ………………… 149 |
| ストリップチャート ……………… 121 | トグルスイッチ …………………… 52 |
| スプレッドシートファイル ……… 149 | トレンドデータ ……………… 105, 134 |
| スプレッドシートファイルから読み取る … 159 | |
| スプレッドシート文字列を配列に変換関数 … 74 | ■ ナ行 ■ |
| スポイトツール …………………… 19 | 名前でバンドル解除関数 ………… 77 |
| スライド …………………………… 30 | 名前でバンドル関数 ……………… 79 |
| 制御器パレット …………………… 14 | 入力を連結 ………………………… 65 |
| セレクタ端子 ……………………… 82 | |
| セレクタラベル …………………… 82 | ■ ハ行 ■ |
| | 倍精度浮動小数に変換関数 ……… 129 |
| ■ タ行 ■ | 配置の整列方法 …………………… 32 |
| ダイアル …………………………… 30 | 倍長整数に変換関数 ……………… 87 |
| 待機（ms）関数 …………………… 92 | ハイライト実行ボタン …………… 27 |
| ダイナミックデータから変換関数 … 172 | 配列から削除関数 ………………… 71 |
| ダイナミックデータタイプ ……… 170 | 配列からスプレッドシート文字列に変換関数 … 74 |
| タイミングループ …………… 123, 182 | 配列サイズ関数 …………………… 72 |
| 多態性 ……………………………… 61 | 配列最大＆最小関数 ……………… 71 |
| タンク ……………………………… 31 | 配列作成方法 ……………………… 58 |
| ツールバー ………………………… 26 | 配列指標 …………………………… 58 |
| ツールパレット …………………… 18 | 配列要素挿入関数 ………………… 71 |
| 停止ボタン ………………………… 26 | 配列連結追加関数 ………………… 62 |
| ディスカッションフォーラム …… 13 | 波形グラフ …………………… 14, 130 |
| データエントリを呼び出す方法 … 41 | 波形チャート ……………………… 118 |
| テキストファイルに書き込む関数 … 154 | 波形チャートの更新モード ……… 121 |
| テキストボタン …………………… 52 | 波形チャートのプロットの種類を変更する方法 … 121 |
| テキストリング …………………… 89 | 波形チャートの横軸と縦軸の変更方法 … 120 |
| デジタル表示を呼び出す方法 …… 89 | 波形チャートの横軸を時間軸にする ……… 126 |

| | | | |
|---|---:|---|---:|
| 波形チャートの履歴を削除する方法 | 120 | ヘルプ表示の呼び出し方法 | 38 |
| 波形チャートの履歴を自動的にクリアする方法 | 124 | ポリモーフィズム | 61 |
| 波形データタイプ | 170 | | |
| 波形要素取得関数 | 173 | ■ **マ行** ■ | |
| パスワード表示に設定する方法 | 45 | ミリ秒待機時間 | 93 |
| パターンで一致関数 | 46 | 無効な指標（列） | 69 |
| 範囲設定方法 | 40 | メニューバー | 21 |
| バンドル解除関数 | 77 | メニューリング | 88 |
| バンドル関数 | 79 | 文字列からスキャン関数 | 48 |
| 反復回数の優先度 | 103 | 文字列制御器 | 44 |
| 反復条件端子 | 104 | 文字列長関数 | 46 |
| 反復端子 | 94 | 文字列定数 | 45 |
| フィードバックノード | 111 | 文字列にフォーマット関数 | 51 |
| 日付/時間を秒で取得関数 | 128 | 文字列表示器 | 44 |
| 評価版LabVIEW | 9 | | |
| 表記法 | 38 | ■ **ヤ行** ■ | |
| ファイルダイアログ | 150 | 矢印ツール | 18 |
| ファイルパス制御器 | 149 | 指ツール | 18 |
| ブールから(0, 1)に変換関数 | 55 | 読み取り属性 | 164 |
| 部分配列関数 | 67 | | |
| 部分配列置換関数 | 70 | ■ **ラ行** ■ | |
| 部分文字列関数 | 46 | ラベリングツール | 18 |
| フラットシーケンスストラクチャ | 92 | ラベルを付ける | 25 |
| 不良ワイヤを削除 | 21 | 乱数関数 | 24 |
| ブレークポイントツール | 19 | 連続実行ボタン | 26 |
| フレーム付きカラーボックス | 143 | 論理演算 | 54 |
| プローブツール | 19 | | |
| ブロックダイアグラム | 12 | ■ **ワ行** ■ | |
| プロパティノード | 124 | ワイヤリングツール | 18 |
| ヘッダ情報を追加 | 154 | 和関数 | 16 |

〈著者略歴〉

小澤 哲也（おざわ・てつや）

　東北大学大学院時代にナショナルインスツルメンツ社の計測制御デバイスを使い始めたことをきっかけに，LabVIEW に惚れ込む．大学院修了後，日本ナショナルインスツルメンツ株式会社にて LabVIEW 日本語版化担当などを経て，東北学院大学工学部教授．博士（工学）．

※ LabVIEW は，ナショナルインスツルメンツの製品です．

- **本書記載の社名，製品名について** ── 本書に記載されている社名および製品名は，一般に開発メーカの登録商標または商標です．なお，本文中では™，®，©の各表示を明記していません．
- **本書掲載記事の利用についてのご注意** ── 本書掲載記事は著作権法により保護され，また産業財産権が確立されている場合があります．したがって，記事として掲載された技術情報をもとに製品化をするには，著作権者および産業財産権者の許可が必要です．また，掲載された技術情報を利用することにより発生した損害などに関して，CQ出版社および著作権者ならびに産業財産権者は責任を負いかねますのでご了承ください．
- **本書付属の CD-ROM についてのご注意** ── 本書付属の CD-ROM に収録したプログラムやデータなどは著作権法により保護されています．したがって，特別の表記がない限り，本書付属の CD-ROM の貸与または改変，個人で使用する場合を除いて複写複製（コピー）はできません．また，本書付属の CD-ROM に収録したプログラムやデータなどを利用することにより発生した損害などに関して，CQ出版社および著作権者は責任を負いかねますのでご了承ください．
- **本書に関するご質問について** ── 文章，数式などの記述上の不明点についてのご質問は，必ず往復はがきか返信用封筒を同封した封書でお願いいたします．ご質問は著者に回送し直接回答していただきますので，多少時間がかかります．また，本書の記載範囲を越えるご質問には応じられませんので，ご了承ください．
- **本書の複製等について** ── 本書のコピー，スキャン，デジタル化等の無断複製は著作権法上での例外を除き禁じられています．本書を代行業者等の第三者に依頼してスキャンやデジタル化することは，たとえ個人や家庭内の利用でも認められておりません．

JCOPY　〈（社）出版者著作権管理機構委託出版物〉
本書の全部または一部を無断で複写複製（コピー）することは，著作権法上での例外を除き，禁じられています．本書からの複製を希望される場合は，（社）出版者著作権管理機構（TEL：03-3513-6969）にご連絡ください．

波形表示／データ保存の方法から命令や関数の使い方まで
# パソコン計測制御ソフトウェア LabVIEW リファレンス・ブック　CD-ROM付き

2013年 2 月15日　初版発行　　　　　　　　　　　　　　　　　© 小澤哲也　2013
2016年10月 1 日　第3版発行　　　　　　　　　　　　　　　　　（無断転載を禁じます）

　　　　　　　　　　　　　　　　　　　　著　者　　小澤哲也
　　　　　　　　　　　　　　　　　　　　発行人　　寺前裕司
　　　　　　　　　　　　　　　　　　　　発行所　　CQ出版株式会社
　　　　　　　　　　　　　　　　　　　　〒112-8619　東京都文京区千石 4-29-14
　　　　　　　　　　　　　　　　　　　　　　　　　電話　編集　03-5395-2123
　　　　　　　　　　　　　　　　　　　　　　　　　　　　販売　03-5395-2141

ISBN978-4-7898-4095-8

定価はカバーに表示してあります　　　　　　　　　　　編集担当者　今　一義
乱丁，落丁本はお取り替えします　　　　　　　　　　　　　DTP　西澤賢一郎
　　　　　　　　　　　　　　　　　　　　　　　　印刷・製本　三晃印刷株式会社
　　　　　　　　　　　　　　　　　　　　　　　　　　　　　　Printed in Japan